尋找創新典範3.0

人文創新 H-EHA 模式

吳思華 著

【自序】

助人文得永續、願創新有靈魂

經過整整六年的探索與思考，在許多師長同事、研究夥伴與同學們的智慧灌頂與專業協助下，人文創新的理念與內涵終於能夠以較為完整的圖像和大家見面分享，希望藉此可以和更多有興趣於這個課題的朋友們交流，為創新理論的發展以及台灣產業與社會的新創轉生，找到一條不一樣的思路。

「創新」是台灣社會的流行名詞，無論在哪個場合都可以聽到不同階層、不同背景的朋友使用。但因科技的進步實在驚人，很多時候「創新」往往直接和科技畫上等號，尤其是在政府部門教育科研資源的分配過程，更可以看到其中嚴重傾斜的現象。

為了平衡這個局勢，我在十多年前就提出「人文創新」這個名詞作為公共事務的倡議，希望讓人文社會領域與科技領域能夠同樣得到社會的重視，在科技菁英掛帥的時代，人文社會科學領域找到合宜的定位與出路，政策上得到相當多的迴響。

在教育部服務期間，我有機會近身看到第一線教師們的無私奉獻與務實創作。他們服務於資源匱乏的偏鄉，本於對學子的關愛而在教學上勇敢創新突破，深深令人感動，也讓我猛然領悟這就是「人文創新」的具體實

踐。如果每一個企業組織都能秉持「顧客是學生，市場像學校」的精神運轉，必能產生更多感動人心的創新。

回到學校任教以後，除了整理教育創新的實務案例出版分享外，配合商學院的教研日常，嘗試將「人文創新」這個原屬於公共層次的政策議題，帶回到較為微觀的經營管理層面。因此，本書提出「人文創新」的理論思維，基本上還是建基於個人熟悉的策略與創新理論文獻。

在商學院的課堂討論時，許多人文創新案例必須同時面對企業生存成長與效率利潤的天命，以及傳統組織管理框架的約束，在教學研究過程常常產生尖銳的思辨，但矛盾的情境也為理論發展找到更豐沛的動能。

感謝科技部連續五年支持個人的專題研究計畫，研究夥伴們士氣高昂，盡心盡力地爬梳整理了龐雜的理念與案例，將片段的單元理論逐漸匯聚成為一個有脈絡的系統框架，我將它稱為「人文創新 H-EHA 理論模式」。

經由許多實務個案的對比分析之後，證實這個模式不僅可以說明許多公益型組織（如教育學習、場域移動、文化節慶、健康照護）的創新創業，也完全適用於引導傳統營利事業的創生與轉型。尤其是在新冠疫情肆虐、數位科技智能快速進展、世界經濟社會重組的此刻，更能展現理論模式的價值。

在現實生活中，我們都期盼慈悲善良的人性能夠主導快速進步的科技，拯救紛擾邊變的社會。但是如果沒有制度與方法，這樣的關懷只能停留在精神層次，無助於大同世界的實踐與美好幸福生活的追求。

因此，我們將人文創新的研究課題與終極關懷設定為「助人文得永續

、願創新有靈魂」。這個思維和近年來社會上流行的ESGs、SDG、USR
、數位人文、社會企業、地方創生等課題雖然切入點不同，但在哲學理念
和實踐邏輯上實頗相通。

　　經過理論文獻的回顧與實務案例的觀察，本書提出四項主張作為
「人文創新」思考探究的基本取向，分別表達人文（Humanity）、生態
（Ecosystem）、樞紐（Hub）和星群（Asterism）的核心價值：

1. 在智能人文永續經濟時代，人文精神是追求創新創業最重要的驅動
力；
2. 人文創新的實踐依賴整個生態系的共生共創，而非單一組織的強勢
競爭；
3. 人文創新生態系的構成創價、演化豐滿，主要依賴軸心樞紐的人文
倡議與服務支援；
4. 人文創新生態系的擴張成長，主要憑藉眾多擁有獨特旺盛生命力的
閃亮星群。

　　這四項主張就是「H-EHA模式」，本書有詳細的論述。當然，任何
一個學術主張的提出，從理念倡議、架構形成到理論的實證與發表，有一
段很長的路要走！為了便於和社會大眾分享人文創新的理念，這本書以較
多實務案例的形式撰寫，期能提高可讀性，以便與更多讀者直接對話，也
邀請理念相合的朋友一起加入探究的行列。至於較為嚴謹的學術專著，將
待學理發展更嚴謹後再進行，以便連結豐富的理論脈絡。

　　《尋找創新典範 3.0》雖然只是一本小書，能夠順利出版還是有寫完博士論文的心情，要感謝很多人的育成。首先感謝科技部專題計畫的支持、政治大學科管智財研究所師生在教學上給與的自由空間與溫暖回饋，以及好友同事鍾蔚文教授、臧國仁教授、林月雲教授、蔡敦浩教授、李蔡彥教授、李慶芳教授、陳宗文教授、林思伶教授和草堂人文社群夥伴們的鼓勵指導；臧老師在初稿完成後大力斧正全稿多次，衷心感謝。

　　其次感謝研究夥伴王美雅、顏如妙、項維欣、楊舜慧、徐嘉黛、莊皓鈞、梅國卿、羅文倩、楊海蘭、邱明慧、蔡佩純、陳瑞榮、羅婷萱、陳靜瑤的共同耕耘，科智所秘書陳翠娥、助理劉傑盛、陳奕君、陳品君、呂鴻棋、李家筠、劉心瑜、高吟瑜、王姵雯、葉姵吟、劉珈卉、廖婉如、蔣與弘、黃韵軒、施又丹、鄭惠慈、曹開昱、黃婷筠、顏嘉進、李宜恬、阮佩慈、詹和臻、邱亭珊、張玨歡、謝雨涵等同學們的積極協助。

　　更要感謝政大商學院 DBA 產業組博士班各屆同學們在上課中的討論互動，還有華山文創園區台文創公司王榮文董事長和全體同仁無私的提供研究田野、分享親身體會，他們的實務經驗是全書得以出現草根生命力的重要功臣。

　　當然，專書出版只是研究階段成果的紀錄，學術上還有很多其他課題需要繼續努力探究，才有可能釐清理論的全貌。書中如有任何錯誤，當由個人全部負責。

　　創新與策略管理都屬於實務場域的學門，需要隨著環境的改變而逐漸演進。本書總共提到 67 個有完整敘述的實務個案，其中長個案以本土案例為主，希望可以藉此和在地創新的實務發展脈絡形成更好的對話，為台

灣這塊土地完整的勾勒下一個世代的創新圖像。

　　台灣的產業發展正處於關鍵的轉折點，需要從有效率的解決問題提升為大格局的問對問題。在智能人文永續逐漸成為時代主流價值的二十一世紀，這個課題對於政府部門的永續創新政策以及民間企業和非營利組織的新創轉生，都非常重要，「開創新藍海、經營有靈魂」，已經成為社會的基本共識。

　　希望「人文創新 H-EHA 模式」能夠在新思潮湧現時略盡綿薄之力，共同見證新時代的到來！

吳思華 2022.07.09

楔子

真心關懷、邊陲創新，
用生命陪伴生命。

從王政忠老師的故事說起

　　2014年5月10日下午，政大國際發展書院舉辦TEDxNCCU年會，年會主題為「TURN OVER 轉」，研討的主軸在培養未來能力的持續性行動。執行團隊邀請了許多專家職人共同與會分享，我是其中之一。

一 TEDxNCCU的機緣

　　當年正好是國立政治大學在台復校一甲子，我因擔任校長受主辦同學邀請率先登場，分享「指南山下的大學之道」，以政大校園為背景帶領觀眾走入歷史故事，回味專屬於政大的大學之道。

　　依照TED的演講規定，我只能報告18分鐘，就從政大在台復校初年（1954年）校園四周猶是稻田圍繞談起，略及經過六十載歲月的耕耘，萬千傑出校友走向現今社會，在各個不同角落發光發熱。

　　當時，我分享了對政大的心裡所感：政大校園如同政大人的特質，低調、蜿蜒、曲折、起伏，但充滿豐富的生命力和無盡的影響力。政大的地形和台大不同，沒有筆直的椰林大道，卻擁有專屬於政大人充滿人文自然的四維道、楓香步道、河堤水岸與環山道，是一條典型的人文大學之道。

〔二〕偏鄉教師的愛心

當我結束演講從舞台回到觀眾席，隨後登場的是南投縣爽文國中的教務主任王政忠老師。我坐在觀眾席上，聽著王政忠老師訴說他當年如何放下高雄補教業，走入南投山區只為了翻轉偏鄉教育的故事，其熱情著實令人動容。

王政忠老師1997年大學畢業時被分發到爽文國中實習，親眼見到偏鄉的教育資源窘境，如老師必須身兼多個行政職而學生學習動機普遍低落，以致一度想要放棄偏鄉教師的工作，待在高雄繼續從事城市中的補教業。

一年的實習結束了，王政忠心想終於可以離開這個鳥不生蛋的地方。他入伍服役準備退役後開創新的人生事業。沒想到上天作弄人，在他當兵期間遇到921大地震，南投地區受災嚴重，而他心繫曾經教導過的孩童們，特別利用假期回到學校探望他們。

王政忠走進爽文國中校園看到滿目瘡痍的景象，心頭為之一震。走在路上遇到幾位教導過的學生，知道很多孩童的家庭都受到嚴重打擊，因而感到非常不捨。當他準備離開學校回部隊時，學生哭著問：「老師，你會不會回來？」這一句話翻轉了王政忠的人生，學童們的真情呼喚讓他決定退伍後繼續回到爽文國中教書，照護爽文的孩子們。從此，他成為一位道道地地的偏鄉教師，一待十八年，為整個偏鄉教育帶來了不同的機遇。

王政忠老師對爽文國中孩子們的教導出自內心的真誠。在爽文服務的日子中，每一分鐘都在為孩童的學習著想，持續不斷的研發各項鼓勵方

案，希望能夠提高同學們的學習動機。他認為偏鄉教育若要成功，必須讓學生當主角、讓學生喜歡學習，而不是沿用傳統的單向授課。

為了提高教學效果，他花費了四年時間自創「MAPS教學法」，涵蓋心智繪圖、提問、發表和搭鷹架等法則，讓學生在課堂可以愉快的學習、討論、共學與發表想法。

如為了鼓勵同學們彼此之間的互相學習，分組時會參酌學生程度分成A、B、C和D咖，刻意將他們混編成組，只要組內D咖同學學會某一套理論，團體分數就會上升。如此一來，程度好的學生會主動幫助程度較差的夥伴，在追求分數的同時也養成了共學精神，彼此教學相長。

王政忠老師一直認為，只有學生主動學習，教育環境才能夠改變。這些都在他一點一滴的努力中看到改變，而他演講的每一句話都深植在我的腦海。

【三】 邊陲創新

2014年8月，我借調至教育部服務擔任部長。為了實地了解偏鄉國教面臨的諸多課題，十月中特別利用南下開會時機，到南投爽文國中探望王政忠老師，向他請益。在一整個下午的訪談中，王老師除了演示他的MAPS教學法外，還分享了偏鄉教育的問題，以及爽文國中應屆畢業同學參加會考的心得。

王老師很高興地告訴我，爽文國中這一屆畢業同學參加會考的英文成績沒有任何一位考C，這麼優良的成績令我感到驚訝，立刻向他請教教學

秘方。王老師說，大家都知道語言學習的秘訣要在可以自然學習的環境經常不斷練習，但是偏鄉學校如爽文國中，根本不可能聘請任何外籍老師到學校來創造這樣的場景。

為了突破這個困境，他透過扶輪社朋友的幫忙引介，和美國紐約一所大學的學生社團建立關係。這些美國籍的大哥哥大姊姊，透過網路每週安排一小時和爽文國中的同學利用學校的電腦連線對話。這項安排看似普通，完全激發了爽文同學們的學習英文動機，每位同學都認真準備，希望和大哥哥大姊姊連線時能有「話」可說。

由於每週的熱烈互動，彼此建立了良好的友誼，暑假時這些美國大學生還特別從紐約來到南投爽文，在學校舉辦為期兩週的英語夏令營，讓整個學校充滿學習熱情，同學們的英文成績表現自然不俗。

王老師的分享讓我深刻地感受到偏鄉教育問題的複雜，但不是無解。這個解決方案並不純然只是經費不足，教師流動率、教材教學法、學習文化等都是癥結所在，必須以系統方式結合外部資源重新全面思索，才能有助於學生提升學習成效，而現場教師的熱情更是關鍵。

［四］我有一個夢

因為這次的訪問，我與王政忠成為臉書好友，常看到他分享教學心得與偏鄉教育的問題。2015年元月的某個晚上，我在臉書看到他的一篇貼文，有意舉辦「我有一個夢」活動，號召基層任教老師共同備課，藉以提升教學專業與熱情。

王政忠在「我有一個夢」計畫中寫了這麼一段話：

「我有一個夢，希望讓所有在台灣還沒有被專業和公平對待的孩子，都能得到他們本來就應該擁有的受教權。因為我清楚地知道，唯有在地力量的崛起，才是翻轉孩子學習樣貌的根本。」

這是多麼令人欽佩與動容的舉動。我請部內國教署同仁跟進協助提供必要的行政支援，但囑咐他們不要干涉活動的走向。王政忠在臉書上持續宣揚他的理念，首先徵求從小一到國三各學科的種子老師，很快地網羅到四十位熱心又專業的職人教師。授課教師陣容在臉書公布後立刻造成熱烈迴響，不到一週就有上千人在網路自願報名，可以說是盛況空前。但是如何找到可以容納千人同時吃住活動的場所，卻成為新的挑戰。

經過國教署出面協調，感謝嘉義中正大學願意協辦該次活動，由該校師資培育中心支援行政工作，並將暑假第一週的學生宿舍騰空借給營隊以供參加活動的老師住宿。

2015年7月，王政忠團隊成功地在中正大學舉辦名為「夢一」的「全國偏鄉教師暑假教學專業成長研習」，共吸引超過1,200名教師自費出席三天活動。

始業式那天我到現場觀摩，看到來自四面八方的老師自己背著睡袋前來報到並在教室中認真學習，那份發自草根的教育熱情令人深深地感動。而這個完全由老師自動發起、主動報名參加的備課共學活動，在台灣教育史創下了最多教師同時參與研習的新紀錄。

五　適應繁衍創新

在「夢一」之後，繼續由王政忠老師出面召集基層老師自發性地辦理教師研習營。活動越辦越盛大，2016年第二次在中正大學舉辦時參加人數已超過3,000人。因為報名人數踴躍，無法找到適當的活動地點，2017年以後必須分區舉辦，才能容納自願報名參加的老師們。

「夢N」舉辦至2021年，業已累計總數超過四萬人次參與該項研習活動。更由於「夢N」的帶動，許多不同學科領域的學習社群紛紛出現，鼓舞在職教師自動自發地進修學習，為108新課綱的實施奠定了良好基礎。

王政忠在他出版的專書《我有一個夢》中詳實記錄了籌辦教師研習營活動的過程，認為這是一項體制內的溫柔革命。這位在偏鄉奉獻的老師發揮他的教育熱情，運用樸實但又非常現代的工具，確實為教育創造了新的可能，其所產生的影響已經遠遠超過舊有體制的框架了。

六　我們看到什麼？

從創新理論的角度看，不知道讀者們從這個案例得到了什麼啟示？從我這個長期從事創新研究的大學教師來看，這確實是一個值得細細反思的創新案例。相較於商業社會關注的「熊彼得創新」（Schumpeter Innovation），或是以尖端技術為基礎的科技創新，這個案例有幾個全然不同的創新面向值得我們多想一想。

王政忠的教育創新案例，至少有幾個特別之處。

1. **真心關懷、勇敢創新**：這個創新案例是由一位在偏鄉從事第一線教育工作的老師，本於對孩童學習的真心關懷所發動，他的初心完全沒有考量個人私利或是任何可預期的回報。主事者面對的是在全球偏鄉普遍面臨的教育問題，曾讓各國政府都頭痛不已。但是王老師本於對孩童的愛而找到一些可能的突破點後，義無反顧、勇往直前；

2. **科技賦能、務實創作**：在創新實踐過程中，完全沒有組織的支持力量，個人擁有的資源也非常匱乏。但是主事者不以為忤也不以為苦，反而用盡各種可能連結或手邊可以動用的資源彈性拼湊務實創建，以能夠幫助孩童的學習效果為首要考量。周邊可用的工具都努力地去學習試用，所有解決問題的創新做法都不是以科技突破為核心思維；

3. **形成典範、蓄積動能**：由於主事者的真心投入，經過長時間反覆的實作與腳踏實地的實踐後，感動很多周遭團體與個人樂於一起參與，形成值得參考的範例，為解決重大議題找到可能的出口，也為社會變革蓄積充沛動能；

4. **開放平台、星群共創**：在「夢N」活動的推廣過程，主事者並非以個人發明的MAPS教學法為宣導重點，而是以對偏鄉教育的關懷為號召，廣邀在各地服務的第一線教師共襄盛舉。由於活動具有開放性，可以有效地連結許多具有不同專才且志同道合的教師夥伴一

同前進，從而得以發揮了更大的影響力。同時，活動的目的、框架與運作模式都簡潔清晰、容易模仿複製，類似的自主社群隨之應運而生、快速繁衍，並無任何限制。許多在邊陲地區服務的老師，也因這些平台社群的推播一舉成名成為明星老師，為教育注入更多的活力；

5. **體制融合、族群結盟共生**：由於偏鄉教育是全球共通性的課題，政府部門與社會各界同感關心。主事者經常利用適當場合不斷地倡議、宣揚個人理念，同時掌握時機、順勢而為，讓體制內外的能量得以同時加入、融合共生，最終形成一股對社會發展有重大影響力的虛擬族群，成就一個值得傲視全球的偏鄉教育創新案例。

王政忠和許許多多基層教師的務實創新故事，讓我們對創新這個議題有了更寬廣的認識，其所作所為正開創一個不同於傳統熊彼得創新和科技創新的創新典範。我將這個新典範稱之「人文創新」，是二十一世紀的創新典範，也是本書嘗試探究的課題。由於它在前兩個典範之後，因此將其稱為創新典範3.0。

參酌王政忠老師的創新故事，可以先用以下這段文字簡單描述「人文創新」的內涵，以此作為本書討論的開始：

「由人文精神驅動，本於關懷的初心發揚人性的正面力量，在日常生活找到不同的價值、意義與故事，藉此彰顯對社會的關懷、對文化的詮釋和對人性的感知；

在實踐過程中創建新的生態系統，善用科技賦能並連結公私部門，所有成員自主共生、互補共創、共同演化，涵化厚實豐滿的生態系統；成就幸福的生活實踐，兼顧個人目的、經濟目的與社會目的。」

覺 察

生活的每一個角落都在改變。

在實務現象中，教育領域一向以關懷學生、幫助學生為核心理念，最能展現人文創新的精神，相關教育創新的案例多而廣，每一個故事都使人動容。除了體制內的教育創新外，社會上還有很多感人的創新案例，例如：均一教育平台善用新科技，成功地讓孩子能夠擁有更多教育機會，自主掌握學習進度，啟動了體制內的教育改革。近期更與地方學校合作錄製在地化課程，創造翻轉教育的新模式，在新冠疫情肆虐台灣、學校暫停到校上課期間，發揮了極大的助益。

又如TFT（Teach For Taiwan，為台灣而教）引導有能力且有理想的年輕人走入偏鄉、擔任教育志工，將更多教育資源導入，提升當地學生的受教品質，並有機會接觸更多元的知識；「數咖」的彭爸和小益，都是台灣高知名度的國中小數學教師，但他們願意長期棲身於地方任教，在教學中設計新教學方法，幫助學生脫離學習數學的痛苦夢魘，同時尋找自己心中的桃花源。這些案例和其他很多類似的教育創新[1]，卻也充分展現了新世代追求理想的價值信念。

除了教育創新外，人文創新指的是人類因應整體社會科技發展的脈絡，出自真心的關懷、以人為本，成就幸福的生活實踐。因此，在生活的每一個角落，我們都可以看到許多令人驚豔的創新改變。本章除了分享更多的人文創新案例，同時將宏觀的掃描創新3.0時代的環境脈絡、企業社會角色的改變，以及不同領域學者對這個議題的探究與回應，期待更深刻地認識人文創新典範浮現的推力。

1　參見吳思華等（2020）出版的中英文專書。

（一）人文創新的形成脈絡——智能科技

近百年來，科技的快速進步一直是改變人類社會最大的動能，尤其是數位網路科技的發展，根本地改變了人們生活的風貌。網際網路前身ARPANet早在 1969 年問世，一直到全球資訊網協定（World Wide Web, www）在 1990 年出現後，開始有了更多商業運用的可能性。

蘋果公司在 2008 年推出第一代智慧手機iPhone，2009 年 iPhone 的應用軟體平台（App Store）上線，行動網絡對我們日常生活的影響一日千里。彼得・杜拉克（Peter F. Drucker）曾在 1999 年撰文指出，電子商務之於下一場革命，就如同鐵路對工業革命的意義，都是帶動人類文明的航空母艦。

互聯網時代的快速發展帶動了全新的經營模式，企業將網路的應用推向生活的每一個環節。企業提供大量的免費使用，帶來為數可觀的使用者，建立強大的正向回饋動能，最終得以取得盟主的地位。但是，企業的生存還是要依賴營收，因此，經營模式必須尋求創新，希望能取得企業營運成長的必要資源；經營模式的創新，就是創新 3.0 時代的開端。

今日我們所處的社會受科技推力和需求拉力兩端更強烈的衝擊，過去二十年的科技力量持續快速擴大，這些進展主要包括：

1. 網際網路遍布全球，不僅使人與人之間緊密連結，也促進物與物之間的連結；
2. 影像與聲音的辨識能力大增，電腦有更多機會直接認識這個世界；

3. 大數據的產生，配合雲端裝置與雲端運算能力的增進，人工智慧（AI）的判斷力已開始挑戰人類的大腦；

4. 5G通訊開始商轉，影像聲音的傳輸更加便捷，雲端運算成為易事；

5. 3D列印的功能不斷提升，自主生產越來越容易。

上述各類新科技風起雲湧，而機器取代人工也更加快速。加上需求面的大數據流動共享和網路效應的推波助瀾，產業興衰呈現如大爆炸時代的快起快落景象，產業競爭依循新的遊戲規則，傳統的經營策略都必須改寫或修正。

資通訊科技革命劇烈衝擊產業與社會，2022年持續提升資訊電子商品服務效能的摩爾定律（Moore's Law）並未停歇，網路通訊已進入5G時代，數位傳輸的效率是二十年前的數千倍；AR、VR技術的進步已引導全球形成元宇宙的新想像，而AI效能的提升更是快速。AI專家黃仁勳估計，AI效能每兩年就會增長一倍。

本書作者認為，AI其實就是一個仿真人的科技發展過程。檢視一個「人」所具有的基本能力，不外乎包括以下幾項：（1）運動與控制，也就是一般所說的機器人或工業4.0；（2）專家推理判斷，也就是具有演繹、推理能力的專家系統；（3）持續學習、跨域思考決策，也就是能夠打敗真人棋手或預測天氣變化的超級電腦；（4）自然語言的辨識、處理與轉譯，人與機器可以直接溝通，或透過機器的協助，擴大溝通的對象；（5）情感的知覺、表達與創作，像真人一般的噓寒問暖親切交流，甚至產生原創性的作品；和（6）社會溝通協調與信任，區塊鏈的發展重新建

構了一個去中心化的社會信任機制。

這幾十年來，由於科學家與企業的共同努力，AI效能在各方面均有長足的發展，很多能力幾乎與人不相上下了。以目前發展的觀之，人類有可能在數十年內打造出一個在各方面都比自己強的AI機器人，這項進程不只是改變經濟社會的經營邏輯，更是根本挑戰人類存在的價值。在AI即將取代人類的此刻，深刻反思「人」的本質，重新尋找人在地球中的適當位置，是當前社會有志之士共同關注的課題。

在可預見的未來，相對於冰冷的機器，其中至少有四項應該是「人」仍將持續專屬擁有的，這包括：（1）辨別善惡、慈悲關懷的「**靈魂**」；（2）超越時空、連結複雜場域的「**視野**」；（3）主動開創、勇敢實踐的「**引擎**」；以及（4）願意成人之美、分享繁衍共創的「**光與熱**」。基於這樣的認識，本書作者認為當AI時代來臨時，用人文引領創新應該是人類維繫地球永續的唯一機會。

科技面的神速發展讓人類被迫思考它存在的意義與價值，人文精神需要重新被闡揚，而功能強大的AI、AR與VR，則讓個別化產品或服務的提供成為可能而且容易，讓每一個人的存在都得到更大的尊重。從積極面來看，這些科技都大幅提升了「人」在創新中的地位，讓「心想事成」成為一個隨時可及的夢，端看「人」的自我覺醒速度。

〔二〕 人文創新的形成脈絡——新價值系統

在科技持續快速發展的此刻，全球社會價值觀也正在改變。除了經濟

效率與成長外，更重視公平分配、永續環境、歷史文化、在地認同、幸福
人生等價值。另一方面，反對全球化、大型資本企業與知識專佔的聲音逐
漸浮現，形成新的價值系統，成為促成人文創新典範浮現的另一股關鍵力
量。以下就這幾個現象進一步討論之。

（一）資本主義的反思

　　資本主義奉行近百年後固已為人類社會帶來經濟的繁榮成長，但也出
現許多挑戰與反思。法國經濟學家湯瑪斯‧皮克提（Thomas Piketty）所
寫的《二十一世紀資本論》闡述，過去幾百年來的資本收益率（r）大於
經濟增長率（g），財富自然不斷集中。因此，貧富不均是資本主義的缺
點，只能透過國家干預來扭轉。

　　皮克提的專書雖然引來很多批評，但是大家都同意資本世襲是非常嚴
重的時代課題，資本擁有者給其下一代帶來的不僅是財富的繼承，更是優
質的教育與完整的國際探索機會。這些過程蓄積的才能與視野常成為「富
二代」在現代社會的重要競爭武器，是不公平的起跑點。

　　由於資本主義帶來嚴重的貧富懸殊問題，社會上逐漸出現批判的聲
浪，有的國家甚至改由不同信仰的政黨執政，在許多全球有關生活幸福相
關的調查中，採行社會福利主義的北歐國家屢屢排名在前，可見一斑。更
多地區除了依賴國家干預外，企業的自我覺醒與非營利組織的積極任事，
成為另一個可能的選擇。許多有志之士正重新思考將企業的經濟邏輯與社
會的公益邏輯兩相結合的可能，「共享經濟」蔚為風潮。

（二）反全球化商貿活動

　　在科技創新階段，科技快速發展帶來產品生命週期縮短、生產全球分工的景象，跨國企業透過品牌、通路與知識產權的掌握，掠奪大部分的利潤。部分地區則運用強大的國家力量，形成不均衡的國際貿易與就業機會。因此，在經濟科技快速成長的同時，出現一股反全球化的聲浪。

　　反全球化運動興起於二十世紀九〇年代，在二十一世紀初期達到高潮。針對反全球化議題，智庫百科[2]列出其主要訴求，包括：

1. 確保天賦生存權，政府有責任保證為達到尊嚴地生存所必需的一切資源（空氣、食水、糧食、住房），都能以免費或低廉代價獲得；
2. 對抗財閥，反對大型資本與大型科層組織，人民的需求高於企業利潤及「商業機密」。政府的首要責任是促進全面就業，縮小貧富懸殊及保護環境，而非幫助壟斷財團「提高競爭力」；
3. 環保永續發展，全面禁止高耗能產業，減少溫室氣體；
4. 官商政治透明，所有的公共事務與國際協議都須貫徹資訊透明及真正民主的原則，反對黑箱作業及不民主的做法。

　　全球化企業為年輕世代詬病的另一個關鍵因素，來自組織超大型化造成的官僚文化，這和許多政府組織面臨的挑戰相同。

2　反全球化，**MBA智庫百科**。檢自 https://wiki.mbalib.com/wiki/%E5%8F%8D%E5%85%A8%E7%90%0%83%E5%8C%96（民111年2月24日讀取）。

　　早在九〇年代，組織學者查爾斯・韓第（Charles Handy, 1995）就曾指出，官僚組織為了阻絕徇私舞弊、確保服務標準，需要訂立各種制度法規，然而這些條文卻讓組織欠缺生命的溫暖與彈性，就好像豎立在美國明尼亞波利市露天雕塑公園中那件筆直挺立的中空青銅雨衣，只有一個剛硬的外殼，欠缺原該是主角的那位有靈魂、充滿熱情的人。

　　反全球化運動雖然沒有撼動全球自由貿易的根基，但是對全球化經營的大型資本企業與科層組織是一大警訊，避免剝削、縮短全球生產供應鏈融入地方文化，以及在地自主生產、自主消費，已成為企業社會的基本價值。中美貿易戰爆發後，逆全球化已經成為新的經濟法則了。

（三）反知識專佔

　　在這個科技快速發展時代，智慧財產是競爭的利器，如何確保智財權是企業經營的關鍵，也是科技創新時代關注的焦點。但在重視知識平權、教育普及的網路世代，另一股開放智慧財產自由使用的聲音始終存在，尤其是在無直接商業價值的著作權領域更為大家關注。以下這些例子全都顯示，新的經營邏輯正在浮現。

　　「維基百科」（Wikipedia）是第一個值得關注的範例，它任由使用者在線編輯，以向讀者提供免費的百科全書知識為目的。由於採取開放共同創作的方式，在創建很短的時間後，就已產出數百萬計的自由條目。又如「谷歌藝術與文化藝術網站」（Google Arts & Culture）則是另一個很好的例子。2011年成立時就已取得17家美術館授權，隨後五年有更多基金會與美術館相繼參與，目前可供自由觀賞的藝術品影像業已超過600萬

件。

　　知識的價值不僅在創造，更在能夠廣泛地擴散，如何設計可以兼顧當事人與公眾利益的分享機制則是另項重要工作。創用CC（Creative Commons）由著名法律學者雷席格（Lawrence Lessig）與具相同理念的先行者於2001年在美國成立，提出「保留部分權利」（some rights reserved）的相對思考，以模組化的簡易條件透過四大授權要素的排列組合，提供了六種便利使用的公眾授權條款。創作者可以挑選最適自己作品的授權條款，透過簡易方式自行標示於其作品並將作品釋出給大眾使用。透過這種自願分享方式，大家可以群力建立內容豐富、權利清楚且便於散布的各式內容資源，嘉惠自己與其他眾多使用者，這類做法日益普遍。

　　反大型資本主義、反全球化運動、反大型官僚組織、反知識專佔等運動在各地的強度不同，影響的層面也不相同。但這些理念的擴散正在醞釀新的價值系統，則是不爭事實。**在地、草根、庶民、自主、共享**，應該是其中共同的思維理念。

〔三〕 人文創新的形成脈絡——新世代

　　在現代社會中，除了智能科技與新價值系統外，年輕世代本身亦成為新世界秩序形成的重要推力。他們要求企業不只是追求經濟目的，更應善盡社會責任、創造社會福祉，同時期待可以結合個人興趣與生活，能有自主彈性工時的工作機會；網際網路加上行動裝置的普及，讓這樣的夢想成為可能。數位通訊將世界上的每個人都連在一個巨大的網絡上，各種社群

網站（如：臉書）和即時通訊軟體（如：Line、微信）又更放大了個人行為的外顯性與影響力，催化各種創新的擴散。

在互聯網與雲端技術的支援下，進一步催化了去中心化、民主化與在地化的力量，也催化了新世代的獨特面貌，這些都值得吾人重視。

（一）數位原生代（digital natives）

千禧世代的網路世界觀是與生俱來的，他們善用網路作為學習與生活的工具，自然認為網路的使用是「人權」而非特權，而智慧財產權則是進步的障礙，不應單屬於價值創造者。簡言之，新世代就是「網路人」。

千禧世代的價值體系，也呈現同時具有自我與公共的雙元特質。《天下雜誌》[3]於2018年曾針對1980～2000年代出生的世代進行調查，歸納出這群千禧世代族群具有的清晰特質，例如：擅長活用資源、強調共享與協作、追求意義、關心社會議題、本土認同強等。

《遠見》進行的「2019青壯世代大調查」則顯示，「90後」（指1990～1999年出生）的族群實際上比刻板印象更務實。這群人成長於數位時代，每個人都是一個「自媒體」，有能力為自我發聲、打卡發文。但其異質性也甚高，以各種「我」的風貌存在，誰也無法代表誰，堪稱「我世代」[4]。

3　千禧世代逐漸主宰全球勞動與消費市場，接管世界近在眼前，**《天下雜誌》第644期**。檢自 https://reading.udn.com/v2/mobile/magDesc.do?id=124523（民111年2月24日讀取）。

4　《遠見》2019青壯世代調查，揭秘90後年輕人價值觀，**遠見民意研究調查**。檢自 https://gvsrc.cwgv.com.tw/articles/index/14818/3（民111年5月20日讀取）。

（二）多才多藝、多重角色

　　成長於安全又富裕環境中的新世代，不再滿足終身服務於「專一職業」這種無聊的生活方式，而希望選擇一種能夠擁有多重職業和身分的多元生活。他們所關注的不再是安定生活的保障，而是考量彈性、自主、使命與工作的意義感相互交融等因素。如果工作內容不符合他們的預期，就會勇敢的離開，似乎不擔心失業會給他們帶來生活的壓力。

　　這些年輕人會在自我介紹中使用「斜槓」來區分不同職業，例如「姓名，職業／職業／職業」，是目前流行的「斜槓青年」slashie。調查機構 Kelly Services 在 2015 年 9 月的一項調查中發現「美國、歐洲和亞太三大地區的 5,200 多名勞動者，有 31% 的美國受訪者、27% 的歐洲受訪者和 34% 的亞太地區受訪者認為自己擁有靈活、自由的工作性質，認為自己不再侷限於朝九晚五的工作模式。」[5] 對今天的勞工來說，曾經風行的全職職位（job）不再，取而代之的是越來越多差事（work）。

（三）自主工作、全人生活

　　除了工作的內涵，工作的地點也成為新世代關注的課題。越來越多的婦女不贊成在工業時代將職場生活與家庭生活全然分隔的做法，希望能「帶兒女去上班」。

5　專一職業過時了？他們說 I am a SLASH!，**端傳媒**。檢自 https://theinitium.com/article/20160606-mainland-slash/?fbclid=IwAR2Bbp-0phzqxIp9y-Fh7yXNQKfTwYt3s1xprrvvEmsIZA_3wyTiVD96Z8g（民 111 年 2 月 24 日讀取）。

　　由於少子化的關係，新世代對下一代的教育和家庭生活也有相當不同的看法。他們對傳統教育系統感到不滿，願意嘗試新的教學模式，甚至自己教育下一代。這幾年來，台灣國民教育的創新氛圍濃厚，實驗學校與自學團體快速成長，充分反映了這個趨勢。[6]

　　工作和生活地點接近也能發展出更人文的企業思維。茱蒂・威克斯（Judy Wicks）在她的新書《一張六十億人都坐得下的餐桌》（臉譜出版）中寫道，「……生活和工作位於同一個社區，不僅讓我擁有一種更強的在地感，也發展出一種不尋常的企業展望。隨著時間流逝，……身為一個活在這個世界的小企業主，我看得到我的決策對社區所帶來的效應，逐漸意識到我在做決定時會更從『心』出發，而非僅從『腦』出發，因而這些決定更能顧及其他人的最大利益，且終究也是我自己的最大利益。」

　　熟悉科技工具、基本知識完整、生活閱歷豐富、多才多藝，重視工作的意義與彈性自主、願意嘗試多類職業、也重視工作與生活的調和，這些都是新世代的特質。隨著時間的推移，這個世代將成為社會的主力，對企業組織的形貌與運作邏輯，必然會產生很大的衝擊。

　　更重要的是，由於醫療發達，人類的平均壽命與工作年限均大幅延長。在未來社會中，將有好幾個不同世代的人同時工作、同時生活，如何促進彼此之間的認識與共事，更是一個需要認真面對的重大課題。

6　劉俐珊（民106年4月14日）。尤努斯：走出島國，想想能為世界做什麼，**社企流**。檢自 https://www.seinsights.asia/news/131/2044（民111年2月24日讀取）。

四　人文創新的形成脈絡——企業社會角色改變

（一）從CSR到ESG，從慈善到共創

社會環境脈絡遽變，首當其衝的是企業經營。傳統企業對人文的堅持與對社會的回饋，主要表現在企業社會責任（CSR）的課題上，但是企業所應盡的社會責任是什麼？要如何來執行？則隨著時代的演變有不同的看法。

早期企業的社會角色以單純的經濟目的為主。1970年，自由經濟學派學者米爾頓・傅利曼（Milton Friedman）主張企業的最大目的是在法律規範的行為下，為股東爭取最大的利潤。他認為企業的社會責任就是創造就業機會、繳稅與分發股利，至於社會上其他的社會問題則應由政府或民間非營利組織來完成。強迫要求企業直接參與社會議題，是剝奪了股東對股利運用的自主選擇權，也容易產生代理問題。因此早期的企業素以股東極大化利益為基本原則，CSR只是企業的公共關係。

1990年代，企業全球化布局成為普遍的現象，許多企業在開發中國家從事生產。這些開發中國家的法律不夠完備，成為許多跨國企業鑽漏洞節省成本的方式，也讓全球輿論高度關注。CSR在《財富》（*Fortune*）和《福布斯》（*Forbes*）雜誌將其納入企業排名評比後成為風潮，企業的社會角色也隨之改變。

聯合國為了推動國家或企業落實企業社會責任以期得到能永續發展的社會環境，提高人民生活福祉，在2000年7月啟動「全球協議」以貫徹理

念。[7] 全球協議制定了九項基本原則，涵蓋人權、勞動標準和環境[8]，其內容為：（1）企業應支持並尊重國際公認的各項人權；（2）絕不參與任何漠視和踐踏人權的行為；（3）企業應支持自由結社，承認勞資雙方具備談判的權利；（4）消除強制性勞動；（5）禁止童工；（6）杜絕歧視行為；（7）針對環境挑戰未雨綢繆；（8）主動增加對環保所承擔的責任；（9）鼓勵無害環境科技的發展與推廣。

　　世界上所有的企業必須都按照全球協議所制定的原則保障員工的福利與權利，透過貫徹協議原則的方式發揮社會環境影響力，在進行商業活動的時候避免破壞平衡。

　　企業社會責任也可以從三個原則面向來看，即環境（Environment）、社會（Social）和公司治理（Governance），三者簡稱ESG原則[9]，近期則加入員工與客戶的照顧。由於社會對企業的挑戰與反感日益增加，許多國家都開始要求企業實施更多的企業社會責任活動，並編寫公開的企業永續報告書以進行年度的回顧，公開企業組織在進行永續經營環境與企業社會責任的目標、成果、承諾及規劃。隨著環保的意識抬頭，以及社會大眾不斷追求自身的福祉，許多企業已經正式設置永續長的職稱，希望透過此社會參與方式，提高社會大眾的好感，以及向社會宣示本身有在履行社會責

7　Homepage，**United Nations Global Compact**。檢自 https://www.unglobalcompact.org（民111年2月24日讀取）。

8　世界人權宣言，**維基百科**。檢自 https://zh.wikipedia.org/wiki/%E4%B8%96%E7%95%8C%E4%BA%BA%E6%9D%83%E5%AE%A3%E8%A8%80（民111年2月24日讀取）。

9　企業社會責任，**維基百科**。檢自 https://zh.wikipedia.org/wiki/%E4%BC%81%E6%A5%AD%E7%A4%BE%E6%9C%83%E8%B2%AC%E4%BB%BB（民111年2月24日讀取）。

任，並非單純追求利益。

2006年，策略管理學者波特（Michael E. Porter）和克瑞默（Mark R. Kramer）從策略的角度切入，嘗試提升CSR或ESG的積極意義。他們認為，公司如果能夠動用可觀的資源、專業知識，加上經營者精準的策略，就可以解決社會問題、造福社會，如此一來，CSR將成為社會進步的一大動力（Porter & Kramer, 2006）。

換言之，企業應該在企業與社會之間建立「共享價值」（Shared Value）的觀念，努力運用公司的專長，並將其運用在處理社會對企業環境的需求與難題。透過此方式，企業不但可以創造營運的經濟價值，也能夠為社會創造價值。

從創新的視角觀之，**ESG取代CSR成為當今企業經營的標準，並不只是企業對社會回饋規模的擴大，而是經營理念的根本翻轉**。ESG理念是落實全球永續共生的核心價值，確認企業與其他族群一樣，都是地球上的一份子。由於對社會議題的長期關注，ESG帶給企業的不只是一個守法的公民，而是充滿創意機會的泉源。無論是社會企業或共享價值，都嘗試同時創造營運的經濟價值以及社會問題解決的價值，在理念上和人文創新相符。它們在過程中的實踐案例都和過去的科技創新作為完全不同，可以引導我們更進一步釐清人文創新理論架構的內涵與應用價值。

（二）從營利事業到社會企業

在傳統社會中，營利組織與非營利組織清楚分隔，彼此的機構邏輯亦完全不同。隨著實務經驗的增加顯示，這兩種組織類型都有相當多的缺失

與不足，如何相互擷取雙方的優點、妥適融合，就成為大家共同努力的目標。社會企業既是其中一條可能的途徑，也是回應人文召喚的新興人文組織模式。

(1) 社會企業的意涵

社會企業本是符合「**用商業模式來解決社會問題**」原則的組織，其基本精神在於「**做好事又能賺錢，賺到錢又能做好事**」，同時結合了獲利與公益，用更永續的方式來實現服務精神[10]。因此社會企業是「為了社會目的而做的事業（或生意）」（A Business FOR Social Purpose），而非「用社會目的來做生意」（A Business BY Social Purpose），是一個可以同時賺錢和解決社會問題的事業體，可以做到規模化、國際化，更能激起民眾與企業對社會議題的重視與投入。

在現實社會觀察，社會企業是一種有機文化新興的現象，是一股不受嚴謹定義限制的蔓生性、草根性能量，所以很難用十分精確固定的定義去形容。

長期耕耘社會企業的權威傑德・愛默生（Jed Emerson）就認為：「社會企業並無單一定義。這純粹是一股流量，跨越各種不同的形式、主題與表現⋯⋯它涵蓋的範圍從社會企業到公民創新，從非營利、營利到混合，也貫穿各種資本與股權架構。」（Frankel & Bromberger, 2014: 32），而

---

10 華文界最具影響力的社會企業平台，**社企流**。檢自 https://www.seinsights.asia/（民111年2月24日讀取）。

社會企業的組成是由一人或多人構成，帶動商業活動的主要驅動力量是一股想在可維持經濟的前提下，創造出正面社會改革的渴望。

⑵ 社會企業的興起與擴散

「社會企業」一詞最初見於 1990 年的義大利，之後陸續擴散到歐陸各國，最後成為歐盟的共同行動。大約在相同的時間，美國也開始發展社會企業概念，並逐漸成為主流。[11]

社會企業是介於非營利組織和一般企業之間的混合型組織：一般企業成立的目的是獲利，而社會企業則和非營利組織一樣以解決社會問題為優先。在資金來源上，非營利組織主要依靠補助與捐款，而社會企業則與一般企業一樣能夠靠企業本身自給自足。非營利與非政府組織以捐款、補助為主要資金來源，因此容易受到景氣榮枯影響。

對企業而言，「獲利」仍是第一優先，CSR 支持的專案難以穩定經營和發展。而政府組織需要去解決的問題太多，無法將資源有效分配利用，因此，社會企業「自給自足，並以改善社會問題為存在使命」的特質，分別補足了以上三種組織的不足之處。

簡言之，一個組織之所以被稱為社會企業，需要具備三個基本的元素，首先是必須**具備企業社會責任的使命**。通常一個社會企業的成立目的，是為了解決社會的問題或是提倡某個社會價值，需要和社會有所相

---

11 余孟勳（民 105 年 9 月 9 日）。在針尖上起舞：社會企業的概念與現實，**公益交流站**。檢自 https ://npost.tw/archives/27785（民 111 年 2 月 24 日讀取）。

關。再者，有別於非營利組織，社會企業**擁有自主增加收入的能力**，透過銷售商品或是服務來維持組織的續存，並實踐社會使命。最後，社會企業的**銷售目的是為了社會使命的實現**，如果和社會使命脫鉤，就成為一般為了獲利的企業了。

⑶ IMPCT 社會企業

到目前為止，世界上已經有了非常多的社會企業，營運內容與運作模式均不盡相同，由政大IMBA同學提案創辦的IMPCT[12]是其中一個值得推薦的社會企業案例。

2015年，IMPCT 提案為中南美偏鄉設置幼兒園，所需的經費除了善心捐款外，主要是將中南美的咖啡豆銷售到全世界，獲取報酬。

IMPCT 藉由興建幼兒園作為社會使命，是因為他們認為學齡前的幼兒教育是解決貧窮和暴力犯罪的最佳方法。他們所創立的玩安幼兒園（Playcare）不僅提供幼兒教育，且是由當地婦女擁有及經營的蒙特梭利式幼兒園提供兒童教育，也創造當地居民的工作機會。其他的家庭成員也因為孩子有人照顧，可以到咖啡園去工作、增加家庭收入，為所需要的地區帶來全面的改變。

關於IMPCT的經營模式，在第肆章有更多的介紹。

---

12 IMPCT Coffee影響貿易單品咖啡正在改變世界，**IMPCT COFFEE官網**。檢自 https://impct.tw/（民111年2月24日讀取）。

五 日常生活的創新

　　在宏觀的社會環境中，智能科技、新價值系統、新世代與新的企業社會角色，都成為創新典範翻轉的重要動能。在微觀的日常生活中，我們會更強烈地感受到世界的變化，完全不同於過去的創新案例不斷湧現。世界上每一個人，都包括身體、心智、文史（出生）、地理（居住）等四個面向，若以人為中心，可以衍生到生活的所有相關領域，包括食、衣、住、行、育、樂，婚、喪、喜、慶，生、老、病、死等等範疇，在各個區塊都可以看到人文創新的影子。

　　本書作者將這些領域的創新，以人為中心，區分成身體、心智、文史、地理等四個領域，分別介紹幾個生活領域的創新案例，幫助我們進一步領會正在快速改變中的世界，兼而體會人文創新的事實。

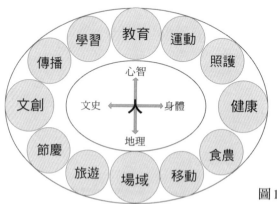

圖 1-1：人文創新的範疇

（一）心智領域

人的第一個課題是心智教育，也就是每個人的心智成長。人們透過教育可以提升心智，近年來受大環境影響，整個教育正在翻轉。除了學校正規教育外，日常生活中還有更多的學習管道；更重要的是，**人的成長除了個人的心智成長外，還需要兼顧健康的體魄、堅強的毅力、團隊的合作精神與求勝服輸的社會價值。**

因此，心智領域可以細分成學習、教育、運動三者，強調個人內在的發展並影響周遭的成員，是影響行動以及開創故事的推手。二十一世紀是資訊科技高速發展的時代，新科技融入不同的教育學習場域，改善了心智的發展路徑，體現新價值主張，也成為新世代生活的模式。

在教育學習方面，除了前面提到的幾個教育創新案例外，由於網際網路的發達以及趨近完善的智慧型手機、應用程式等，許多新的學習模式蜂湧而出，讓人類的心智範疇開始產生重大突破。傳統的學習僅僅是在教室上課，透過老師講授教科書的既有知識，但是各種不同學習通路的出現，不僅讓學習變得更有趣與多元，同時讓學習可以更精準、自主而自由。

TED是其中有代表性的創新案例。在TED的節目中，每一個講者被要求利用短短18分鐘深入淺出地分享一個重要概念，讓觀眾能夠在同一個場次中聽到許多不同專業領域的知識。現場的刺激強烈，事後的自主學習便捷有效，已經成為很多人最重要的新知識來源。

新世代的社會生活熱衷於分享新知識或新事物，TED的全球授權架構巧妙地回應這個趨勢。它讓各地年輕人有機會在當地自主舉辦「TEDx」，主動的接觸思考更多的社會人文議題，並且有直接參與分享的機會（詳細

個案介紹請見第伍章）。

　　IOH開放個人經驗平台是另一個學習創新的案例，充分體現了現代人「學習」的新價值。在國際移動快速的時代，IOH透過分享與閱讀個人經驗，幫助學生認識不同地區的人文地理和學習組織，以及許多值得探索的新興專業領域知識。

　　在運動方面，各種數位教學影片在網路上傳播分享，為許多居家辦公的工作夥伴的健康運動找到一個簡便的出路。其中，Peloton結合單車教練課程與健身設備的網路運動學習新模式，讓使用者可以隨時隨地參與專業的健身指導，同時提供許多無法與健身教練配合時間的客戶更多自由選擇的機會，是近年成功在美國上市的新創經營模式。

（二）文史領域

　　人與生活的第二個面向是文化歷史。文化是每個人生命的歷史起源，也是過往精緻生活的結晶。文化首重傳承，需要透過各種媒介進行傳播，文化也可以自然地融入生活，成為日常節慶。文化本身也可以加值再創，成為現代生活的一部分。

　　在文史領域中，無論是在傳播、文創、節慶各子領域均可看到，因應新科技、新價值、新世代的時代潮流，出現許多不同的人文創新景象。

　　在傳播領域中，《天下雜誌》運用數位科技推出「天下全閱讀」，透過網路，每天發出採訪新聞，改變了傳統雜誌的閱讀與配銷模式，也進一步發展出許多不同的子頻道，擴大傳統商業雜誌的關懷面。

　　挪威的「慢電視」則是一個反其道而行的創新案例。這個節目全程以

馬拉松式直播某事件的方式，作為製作的節目類型。節奏十分緩慢，觀眾必須放慢腳步觀賞，卻得到超高收視率，反映現代人追求緩慢步調的內心渴望。

「抖音」則是另個新型的社群傳播軟體，透過錄製短片搭配特效分享，讓新世代族群可以用此來向朋友甚至陌生人展現自己的搞笑創意，滿足他們自我愛現的期待。

在文創領域，科技也改變了創作的樣貌。巴黎的第一座數位藝術館「Atelier des Lumières」結合數位科技，將原本的廢棄廠房改建成互動式的展覽空間，創造打破想像邊界的360度全景沉浸式體驗，讓一個廢棄的工業空間與藝術完美結合，創造出以五感體驗的懾人感染力。我們可以相信，數位藝術將是下一個世代傳播藝術的最主要模式。

安德烈交響樂團則是另個有趣的案例，它改變了傳統古典樂的演奏方式，強調表演的現場不再要求莊嚴正式，而是和觀眾的親密互動，傳達「音樂本身需要分享與交流」的新價值，試圖扭轉古典音樂陽春白雪的困境，開始了新時代的復甦運動。本書第捌章會進一步討論安德烈交響樂團創新轉型的故事。

在節慶方面，清明掃墓是華人生活中重要的節日，在新科技的應用下，E-TOMB開發了一個新的紀念方式。為了提供人們紀念逝者的方便性，透過在墓碑上增設二維碼，將某地的一塊墓碑與虛擬空間連結，放置於架設好的紀念網站，如此位在不同地區的人們即可透過網站查看逝者更多信息（如生前的Facebook等）來紀念哀思。在新冠疫情期間，清明掃墓與中元普渡都無法實體進行，類似的服務更彰顯了它的人文價值。

另外，媽祖遶境最近幾年已成為眾人的年度盛事，反映台灣追求國泰民安、心靈安和的社會氛圍。越來越盛大的遶境人口，帶動路線附近以及停留點的商機，以及許多的文創作品。而這些傳統民俗活動，也因為社群軟體的發展，吸引為數頗眾的年輕人參與。新世代族群樂於分享個人生活，參與其中不單單只是因為信仰，還有展現自我的用意。許多參加遶境活動的年輕人，都很樂於將行走的紀錄上傳到個人的社群頁面，和好友分享。

（三）地理領域

和人與生活息息相關的是居住的場所地域，也就是每個人生命起源與工作生活的地方。為了讓日常生活更加舒適，需要因應環境脈絡，隨時進行生活條件的改造與創新。日常的生活場域包括居家、工作與休閒社交等不同的場所，透過創意都能再賦予不同的景象。同時，每個地域都有不同的自然地理條件，風景宜人。透過健行旅遊、探查其他場域、體驗學習，也成為人們豐富生活的一種可能。

人的生活、生產與生命都脫離不了土地，因此「地理」對人來說，是一個非常重要的課題。同一個生態系內的成員會因為人文地理場域相同的關係彼此影響，進而創造出新的事物。地理的範疇包括了休閒旅遊、工作零售場所、居家生活等課題，這三者影響了現代人的生活形貌，更充滿了創新的案例。

在居家生活方面，**許多新型態的發想都是以人的需求為導向，唯有滿足人的需求才能夠創造真正的利基**。事實上，網絡與應用程式的發達以及

物聯網的研發也隨之而生。透過結合手機與應用程式正創造出前所未有的智能生活環境，出現智慧家庭的新風貌。

交通也是生活上的重要課題。因為互聯網的普及，出現了Uber的經營模式。它鼓勵汽車駕駛提供空的座位，在回家、上班等過程中，讓第三方搭乘，體現共享經濟的新價值系統。

隨著外出工作人口的增加，租屋成為常態，如何找到好鄰居成為重要課題，許多創新應運而生。例如：「玖樓」回應新世代外出工作時，面對高居不下的房租困擾和對家的渴望，開創了不一樣的「共居」經濟模式。它透過提供共生公寓，適當組合租屋人的專業興趣，不僅可以節省租金，同時可以與鄰居互相學習，為蝸居台北的外地人提供了居家生活的新價值。

在休閒旅遊方面，也出現了許多不同可能的新形式，Airbnb就是運用新科技發展出來的旅遊創新。當地居民將閒置的房源出租，讓旅客能夠在短暫的旅遊中體驗當地生活，便宜又豐富；同時可以結合現代流行的「深度旅遊」，與在地住民合作讓遊客可以進入傳統的農村部落。又如年輕人創業的「趣健行」則是另一個完全不同的類型，他們帶領同好越嶺健行、挑戰登高山，改變了現代人對於傳統旅遊的既有觀念，期待在旅途中取得不一樣的體驗，都是新價值下的旅遊創新。

在場所地域方面，何培鈞在南投竹山努力打造「小鎮文創」，為當地提供了新的價值。除了原來的民宿，也結合老街、火車站的店家，串連當地具有人文歷史素養的傳統技藝，為整個社區創造生機。其他如四四南村、華山文創園區、審計新村等都是翻轉中的場域，透過獨特的核心主張

串連場域中的店家，提供參與者更多親身體驗的經驗，吸引不同的族群進來。

又如誠品書店，創辦以來提供充滿文化氣息的場域給社會大眾。在誠品內可以享受優雅的音樂，漫步在書海中尋找「黃金屋」，經過數年虧損後終於成功盈利。有別於傳統書店，誠品以「精品」的方式打造場所，吸引新世代的消費者青睞，創造了書店的新價值。因應網路書城興起，誠品從2021年開始積極推展社區書店的新經營模式。

星巴克咖啡連鎖店則以提供「第三空間」的概念進行創業布局，是場域空間創新的典範案例。消費者能夠在星巴克內悠閒享受咖啡以及聽音樂，致力提供新世代的消費者在住所和辦公室之外的社會空間選擇，體現了連鎖咖啡店的新價值。因應科技社會環境的變遷，星巴克正進一步倡議「第四空間」的價值主張（詳細個案介紹請見第伍章）。

（四）身體領域

人與生活的第四個主要面向是身體健康，也就是每個人生命延續的憑藉。為了讓身體健康，各種和健身、保健、健檢、醫療相關的創新層出不窮。更基本的課題是，身體需要進食，生命才可能延續。因此，栽植於土地上的農作物與飼養的家畜轉換成可食物品，是生活的基礎。同時，生命中有終結的一刻，養老臨終的看護也成為每個人必將面對的課題。

在人文創新的範疇中，身體領域涵蓋食農、健康、照護等子領域。在食農領域，新加坡垂直農場透過新科技生產有機蔬果；台灣好農網站建立有機新價值的平台，讓有機食品可以有被看到的機會，都是科技應用實踐

人文價值最好的例子。

新世代重新浮現maker（自造者，或稱創客）的價值觀，樂於自己栽種農產、動手自造器物。除了自己食用外，多的可以分送親友，自種蔬果的「開心農場」便是社會上對於食農新價值的具體表現。

在健康方面，遠距醫療的新科技技術讓偏遠地區的人也可以獲得健康的照顧；科技帶給人類社會的壓力與孤獨感，同時讓（遠距）心理諮商成為新的重要課題。

另一方面，健身風潮展現的是對於健康的新價值追求，進而帶動健身產業的蓬勃。新世代族群熱愛路跑活動，朋友相約路跑，完賽後拍照打卡、展現自己很重視健康的訊息，讓城市路跑蔚為風潮。

在照護方面，我們也看到很多創新案例。例如Acer的Pawbo應用機器人的新科技，讓主人可以遠端跟寵物互動、透過視訊觀看寵物在家中的情況；更多的機器人也正應用在醫療與照護上。

銀髮長者的照護其實是一個複雜的價值與生命尊嚴的選擇過程，許多不同的照護模式紛紛出現。「荷蘭失智村」是反映新社會價值的安養中心，規劃了一個以聚落型態而成的照護區，用來照顧患有阿茲海默症的老人，給他們和一般人一樣的生活情境，展現尊重臨終生命尊嚴的新價值，也是人文創新的典範案例。

［六］人文創新的範疇與內涵

從前面的案例分享可以看見，在新科技、新價值與新世代的交錯影響

下，世界正在產生巨大變化，新的經濟運作法則和經濟社會形貌正逐漸形成，許多全然不同的創新案例正在我們生活周遭浮現。

這些案例並非純粹個別企業利潤的追求，許多機構團體為了社會上遭遇的貧窮、汙染或不平等而在奮鬥，嘗試運用各種方法來解決這些棘手課題，已出現許多令人敬佩的社會創新案例，充分展現了以人為本的精神。

近年來，許多年輕朋友返鄉創業，在地方上辛勤耕耘，提出各種可能的創新方案，希望讓生長的土地再現生機，更是人文精神的具體發揚。

除此之外，許多洞燭先機的創業者在科技能量快速提升的此刻，精準的掌握人本需求，設計各類全新的產品服務，帶給人們全新的生活體驗，提高使用者的幸福感。更重要的是，他們放棄傳統的組織框架，重新設定創新與經營的策略邏輯，為企業與社會共同找到新的藍海。

整體而言，這些案例的推動主體包括非營利組織、社會企業、新創事業、傳統產業和政府部門。他們的原始動機和目的不盡相同，但都是透過人文精神的引領，希望帶來有益人類生活與生態的創新，形塑美好的未來，皆是我們關注的「人文創新」。

綜合以上討論，「人文創新」可以從產出、投入和過程三個不同面向清楚地界定。

（一）產出面

從產出面看，**人文創新是「人和生活」直接或相關領域的整體創新。**人文創新指的是人類因應整體社會科技發展的脈絡，以人為本、在生活各面向進行的創新。任何一個人都包括身體、心智、文史、地理四個面向，

衍生到生活的所有相關領域。

　　若進一步細分，以上所述諸多與「人」直接相關的創新領域包括：教育、學習、運動，健康、食農、照護，文創、節慶、傳播，場域、移動、旅遊等各領域的創新，都屬「人文創新」的範疇（參見圖1-1）。

（二）投入面

　　從投入面看，**人文創新是由人文精神（Humanity）所驅動的創新**。傳統企業經營關注的是產品（物）的生產製造，和其在顧客心目中所能顯現的價格，即使是服務業，也強調其標準化的作業流程和服務內容。所有優質的產品服務都強調關心顧客，但以爭取較高的價格為目標，以便為企業爭取更多利潤，這是傳統企業經營的基本邏輯。

　　人文創新和傳統製造服務業最大不同在於，它所關注的核心是「人」，也就是從使用者出發，深刻感受他們生活上的痛點或企盼追求的幸福所在。當我們在提供一項產品或服務時，是將這些使用者視為自己的親朋好友，以好東西與好朋友分享的心情，希望真心的製作一份禮物送給他們，期盼他們在收到這份禮物時，能夠有溫馨、興奮、感動的共鳴。使用者事先不一定能夠確切表達他們的需求，但行動者可以透過個人的洞見打造出這項創新，而這份真心則是發自內心的承諾，這就是人文精神。

　　人文精神在現實面具體浮現在外的，就是主事者個人的理念主張，親身實踐的故事，或具原創性的文本，透過這些如能引起使用者共鳴，就有機會驅動重大創新。

（三）過程面

從過程面看，**人文創新是透過生態系統演化，創造具有社會意義的創新**。人文創新是由理念主張與文本故事驅動的創新，它的落實除了依靠個人或組織的力量外，更多時候還需要靠整個生態系統的運作，方能成功。因此，人文創新的分析單位必須要從封閉單一組織擴大至開放生態系統，才能完整掌握整個創新的歷程。在這個生態系統中，除了有整合協調的樞紐廠商外，更有許多自主協作的個體成員（本書作者稱其「星群」），每一位都是促成創新的重要動能。

總而言之，人類社會將進入不同於企業創新、科技創新的創新典範 3.0 時代，即所謂人文創新。人文創新主要是受到理念主張與故事文本的驅動，期盼在新科技和新價值系統的脈絡打造出全新的生活風貌。

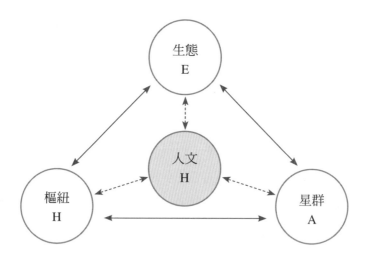

圖 1-2：人文創新 H-EHA 模式

　　它們發生的領域或有不同，但解析這些創新案例時都需要關注**人文（Humanity）、生態（Ecosystem）、樞紐（Hub）和星群（Asterism）四個要素，我們將其稱為人文創新的 H-EHA 模式**。其中，人文是創新 3.0 重要的驅動力，而生態、樞紐、星群，則是創新 3.0 基本的運作樣態，因此英文簡稱 H-EHA（唸如「he-ha」）。在稍後章節中，還會針對這四個概念分別深入討論。

　　在人文創新的世界，**人文是靈魂，生態是視野，樞紐是引擎，而星群則是廣大使用者直接感受到的光與熱**，如何有效連結這四個要素，是人文創新成功的關鍵。而人文創新理念不僅在協助新興組織的發展，也在引導傳統產業轉型，如果能夠發揚光大，將可以共同形塑一個美好的未來。

貳

人 文

超越個人私利的人文關懷，
才能找到創新的藍海。

　　創新創業已經成為全球性的社會運動，各地的創新創業英雄不斷出現，但台灣的創業典範很多還停留在七〇年代企業家，顯示台灣的經濟發展確實遇到一些問題，如何突破此一困境，大家都很關心。創新模式的重新思考，是其中一個值得嘗試的課題。

　　這幾年來許多的創新創業研究顯示，近代成功的創新創業不只是經濟活動，還有社會性、文化性和政治性等不同面向的考量，有很多創新創業的成果是出於關懷堅持、得於機緣巧合，進而影響整體社會，這個現象在人文創新的範疇中更是明顯。

〔一〕人文是創新的靈魂

　　在過去的研究中，我們有機會深入觀察發生在教育學習、文化創意、地方場域與健康照護的創新故事，可以更清楚的認識到，利潤動機在這些領域的創新故事中所扮演的角色其實不高，超越個人私利的人文關懷才是創新創業最大的驅動力。如果我們說，在未來的創新典範中，**人文才是應該彰顯的創新靈魂**，應該不為過。

　　透過這個章節，你可以對人文的核心意義有基礎想像，嘗試思考以人文為核心動能的創新作為有哪些可能性。同時知道怎麼洞察消費者的需求與資源的有效運用，提升人文設計力，有效結合需求與資源，找到突破點，創造出具有創新意義的產品或服務，並設計出合宜的活動。本章最後，以幾個人文創新的實際案例來說明從微觀個人到宏觀社會的層面，窺探人文創新行動能夠發揮的影響力。

（一）人文是什麼？

人文是創新的靈魂，但人文是什麼？這個課題值得深究。根據維基百科的註解，「人文」一詞的中文，最早出現在《易經》中賁卦的象辭，一般認為，中國傳統的人文概念是指人的各種屬性。

到了近代，人文這個詞被用來翻譯「Humanism」，也就是人文主義。歐洲文藝復興時期的知識份子，反對中世紀歐洲宗教傳統以古希臘、羅馬文化為學習典範，以此回歸世俗，這些人就被稱為「人文學者」。

十九世紀的歐洲又有所謂的人文學科，二十世紀英美的大學裡面也開始出現人文學科。人文學科的意思是對於人的各方面的求知、對於人的知識的探討。中國近現代知識份子在傳統和西方的影響下，對於人文、人文主義和人文學科這幾個緊密相關的詞彙內涵的理解經歷了很多變化。[1]

作家梁曉聲說，「人文」就是一種植根於內心的素養，以承認約束為前提的自由，一種能設身處地為別人著想的善良。它關乎公平、正義，就在我們的日常生活，就在人和人的關係中。[2]

人文一方面重視人的尊嚴，強調人的價值；另一方面則強調人在世界的角色不是主宰者而是共生者。對於社會現象應該超越人性、超越自我，而以宇宙為中心來思考。

綜合以上的觀點，我們或許可以說，人文是一種根植於內心的素養，

1　人文學科，**維基百科**。檢自 https://zh.wikipedia.org/wiki/%E4%BA%BA%E6%96%87%E5%AD%A6%E7%A7%91（民111年3月1日讀取）。

2　梁曉聲：骨子裡的高貴，**每日頭條**。檢自 https://kknews.cc/zh-tw/world/leam66g.html（民111年3月1日讀取）。

追求「**以人為本，超越時空，追求全人類的精神文明與幸福圓滿（純真、共善、完美）的生活狀態**」的終極價值。

（二）成為一個有人文精神的人

　　很多時候，在教育現場的夥伴們會說，他們的創新其實只是希望給孩子們找個出路。進一步思考，人文精神會引領創意者的**同理心**，看見需求者個人內心深處的喜怒哀樂，也看見需求者的心智發展、社會期待和人際網絡。創意如果是來自內心、發於真誠，抱持助人愛人之心，自然有其動人之處，也會在資源匱乏的情境找到可能的出路，尋得解決方案。

　　人文精神也讓創意者有**積極心**，對理想充滿熱情。從寬廣的視野看問題，找到不同於傳統的解決方案；能夠幫助我們精確的解讀社會現象、建構意義、辨識創新創業機會。因為抱持正面積極的態度，當我們環視周遭的情境時，也能感受到萬物皆有情，我們所處的場景其實都具有豐富的生命力，到處都是故事，也都是創新的元素。

　　人文精神也讓我們有**堅持力**。很多時候，創新的實踐欠缺的其實不是資源，而是行為的動力。因為關懷，使得創意者願意不辭勞苦，全力以赴。在遇到阻礙時，也甘於堅持信念、沉潛蓄積能量，等待黎明。

　　基於以上的認識，**人文精神的核心理念**應該包括：

1. **以人為本**、關懷同理，尊重個別差異、博愛眾生；
2. **在地關懷**，尊重文史地理脈絡，善用場景資源、共生共創；
3. **宏觀視野**，能系統思考、解讀現象、建構意義、創意敘事；

4. **民胞物與、成人之美**，追求共善社會。

（三）以人文精神打造生態系

　　人文創新不只是個人的創意發想，更期待透過生態系統的演化發展，實踐社會目的與社會意義，因此，生態系統之間的運作更為重要。但是，生態系統沒有正式的指揮體系，無法依賴權威要求成員配合。在這樣的情況下，人文精神扮演更關鍵的角色。人文精神在以下四個面向的充分發揚，有助於實踐生態系中追求自主共生、互補共創、共同演化的目標。

1. 人文精神有助於生態系中的行動者**建立共生共享的關係**，坦誠面對共同依賴的資源，達成族群共生的狀態；

2. 從人文精神切入，能**清晰的闡述軸心主張，用理念領導**，同時具體展現為同事夥伴服務的僕人式領導的風格，感動更多人加入團隊，扮演好軸心樞紐的角色；

3. 人文精神有助於**相關的成員建立信任關係**，形成一個多元的交換機制，促進資訊、創意與專業的交流，共創新價值。

4. 人文精神是「生命陪伴生命」的過程，成員彼此都有「**成人之美**」**的心胸與雅量**，有助於生態系統中每一個星點的自主育成與繁衍創新。

（四）經營事業，如何思考人文？

　　我們鼓勵新世代追求創新創業的此刻，要先鼓勵夥伴與年輕人關心社

會、培養同理心、願意為公共事務付出，只有找到創新的靈魂、發揚人文精神，才有可能在創新遇到困難的過程中堅持突破。

傳統的企業家也應該以身作則，將人文精神積極融入核心團隊事業經營的各個面向，信守以下五個準則，才有可能產生有社會意義的重大創新：對使用者，真心關懷；對產品服務，真情設計；對員工，真心助願；對供應商，真誠連結；對社會大眾，真愛人間（見圖2-1）。

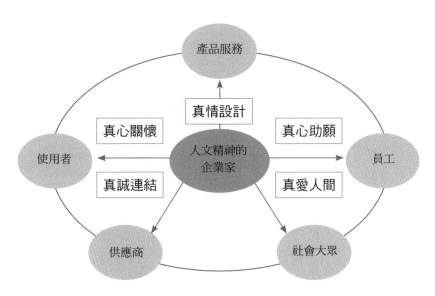

圖2-1：人文精神的展現

〔二〕 人文精神作為創新的動能

人文就像滋潤萬物的雨露，每一塊接觸過的土地都會感受到它的德

澤。但是，要讓人文成為創新的動能，還是需要一定的條件與機緣。換言之，人文創新的成功出現，需要具備以下三個條件：有一位真心誠意的開創者、掌握社會認同的普世價值、同理眾生庶民的小確幸。

（一）真心誠意的開創者

內心的熱情、人生的志業

人文創新的第一個條件是有一位真心誠意的開創者，他願意釋放內心的熱情。堅持執著於既定的理想、追求自我超越，這是許多人文創業家都存在的特質。IMPCT Coffee 的創辦人關心貧困國家的孩童與婦女；王政忠關心爽文國中的學生；在花蓮豐田火車站經營五味屋二手商品店，將社區營造與鄉村教育連結兼而照顧花東基層孩童的顧瑜君老師（吳思華，2020），都是出於這樣的心情。

人生在世，需要有一份有收入的職業，養活自己；也期待有一個可以努力的目標，成為自己的事業；更期盼有一份值得追尋，有意義感、目的感的理想，作為一生的志業。職業、事業、志業三者若能合一，就能讓生活和工作都充滿動力，日本語用 IKIGAI 來形容這種狀態。

日本學者茂木健一郎在《IKIGAI・生之意義：每天早上醒來的理由》這本書中寫道，每一個人都需要找到一件「自己擅長的事、自己喜歡做的事、世界需要你幫忙的事，同時別人會付錢請你做的事」，生活才會有動力、生命才會有意義。

讓人感到值得用生命力量去追求的事並不一定是關乎人類社會的偉大事物，那些看似微不足道的事物，有時就是自己心中的 IKIGAI（意義）。

「趣健行」的創辦人楊晴媚Tina從自身熱愛登山開始，到追尋志業創立專業登山健行旅行社，即是一個很好的例子。

（二）掌握社會認同的普世價值

找到這個世界需要你幫忙的事

人文創新的第二個要件是所提出的創新產品或服務，需要符合社會所認同的普世價值和全人類對於未來幸福生活的想像，也就是人文精神的整體發揮。

人文精神經過長期的宣導倡議，已逐漸轉化成普遍的共識，具體的內涵亦逐漸浮現，其中，最具體的就是聯合國公布的「全球永續發展目標（SDGs）」[3]。永續發展目標包含17項目標（Goals）及169項細項目標（Targets），並於2015年聯合國成立七十周年之際正式發布，作為成員國在未來十五年內（2030年以前），跨國合作的指導原則。這份文件應該是目前世界上對人文精神詮釋最正式的一份文件。[4]

SDGs主要包括經濟發展、環境永續與社會正義三大部分。[5] 在經濟發展方面，宣言中強調消除貧窮是今日全世界所面臨的最大全球挑戰，也是永續發展所不可缺少的一個要件。消除貧窮，開發永續模式的耗用與生

3　可持續發展目標，**聯合國**。檢自 https://www.un.org/sustainabledevelopment/zh/sustainable-development-goals/（民111年3月1日讀取）。

4　首頁，**行政院國家永續發展委員會**。檢自 https://ncsd.ndc.gov.tw/（民111年3月1日讀取）。

5　SDGs專欄／世界正在翻轉！認識聯合國永續發展目標，**公益交流站**。檢自 https://npost.tw/archives/24078（民111年3月1日讀取）。

產，保護及管理社經基礎的自然資源，是永續發展的最高目標，也是永續
發展不可缺少的要件。

　　在環境永續方面，則強調地球與它的生態是我們的根本，為了讓目前
與未來世代的社經與環境需求達到公平的平衡，必須促進跟大自然的和
諧。它重申「聯合國氣候變化綱要公約」（以下簡稱UNFCCC）的最終
目標是穩定大氣中的溫室氣體濃度，避免對氣候系統造成人為干擾。它承
認全球的大自然與文化的多元性，瞭解所有的文化與文明都對永續發展有
所貢獻。[6]

　　在社會正義方面，宣言中強調人是永續發展的核心，未來要營造一個
公平、公正且包容的世界，並致力合作，以促進永續且包容的經濟成長、
社會發展與環境保護，因而造福所有的人，尤其是孩童、青少年及下一
代，而沒有任何的歧視，例如年齡、性別、殘障、文化、種族、人種、祖
國、移民身分、宗教、經濟或其他身分地位，包括積極確保有教無類、公
平與高品質的教育以及提倡終身學習；實現兩性平等，並賦予所有婦女權
力，減少國內及國家間不平等。

（三）同理眾生庶民的小確幸

創造平凡生活中的幸福感

　　所有的創新都是為了滿足使用者的需求，帶給人們幸福的生活，但幸
福本身即為人的終極目標，追求幸福的行為本身即是至善，人類或者賢者

6　首頁，**WDSI王道永續指標**。檢自http://www.wangdaoindex.org/（民111年3月1日讀取）。

追求的幸福是基於精神的快樂，也就是平靜之心，不受任何苦痛和困惑影響的精神安定的狀態，這需要個人長期的修為才能得到。人文創新除了幫助每一個人追求終極的幸福感以外，更期盼更貼近庶民的日常生活，從生活中覺察可以提供服務的創新點，並為使用者創造日常生活的小確幸。小確幸就是微小而確實的幸福，這個詞來源於日本，出自村上春樹的隨筆，小確幸的感覺在於小，每一枚小確幸持續的時間三秒至一整天不等，在實務中較容易感受得到，值得經營者去努力。

　　2018年美國的Peloton以嶄新的服務提供方式震驚健身產業，是一個很好的例子。Peloton不只是賣飛輪產品，而是賣給消費者健身的目的感，主張在家健身並同時享有如同精品健身房體驗，但上課的時間完全彈性。飛輪產品前端附有22吋的防汗水觸控式螢幕，提供消費者能與線上直播的教練互動。健身空間搖身一變，成為明星教練的直播室，每一位用戶連上線就變成「實境秀」的參與者。教練在課程中不僅帶給用戶專業引導的健身內容，也擔任鼓勵者、陪伴者的角色。Peloton粉絲中，有一群媽媽用戶，不但會在直播課程時進行互動，沒運動時也會在臉書專屬社群上交換彼此的生活與育兒心得，形成凝聚力強大的社群。

　　Peloton為消費者打造的這項健身飛輪產品，達成了庶民對健康的期望，協助克服健身時碰到可能沒時間、懶得做、不方便、不好玩的問題，提高了自主學習的可能，享受到非常接近專業精品健身房運動時的現場體驗。課程互動與社群建立，更讓用戶在擁有更快樂、更有動力運動的價值。

三　資源的人文觀——惜用、共用與創用

工業革命以來，人們一直採用線性的生產消費模式：從自然環境開採原物料、加工製造成商品、商品被購買使用後就直接丟棄。在這個過程中，許多自然資源逐漸被耗盡，同時產生大量的廢棄物，地球生態遭到嚴重破壞，環境永續發展的問題普遍受到關注。如何善待有限的資源，保護我們共同生活的地球，成為大家共同努力的課題。

從人文視角觀察，我們對資源應堅持惜用（少用）、共用和創用三個核心理念。目前有越來越多企業投入資源回收再生、資源共享，甚至是賦予舊資源新價值的行動，許多令人驚喜的成果慢慢浮現。

（一）惜用少用

只有放錯地方的資源，沒有真正的廢棄物

從人文觀點思考，如何促進資源的回收再生，慎用少用資源，避免線性經濟造成的資源衰竭，是個重要課題。與線性經濟相對的循環經濟，嘗試學習大自然的法則，在物質上形成「資源、產品、再生資源」不斷回收再利用的經濟發展模式，使整個系統產生極少的廢棄物，甚至達成零廢棄的終極目標，是資源慎用少用的實踐。

根據「循環台灣基金會」的介紹，循環經濟包括「生物循環」與「工業循環」兩種形式，其中「生物循環」指的是產品由生物可分解的原料製成，產品可優先進行層級應用（cascades），盡可能發揮最高價值。無法應用之「生質原料」經過生化原料萃取（生物精煉）、沼氣、堆肥等程序

後，可安全的回歸生態圈作為養分。以循環經濟概念的使用農業性資源，是發展農、林、漁、牧相關產業相當重要的依據。[7]

而「工業循環」則是指化合物、合金等生物不可分解之人造物質，依序按照維修／產品共享／延長產品壽命、再使用／再分銷（二手）、再製造／翻修、回收再利用等程序，讓產品盡可能以最高價值的方式保留在人造系統，不隨意散落到大自然，且更有效率地利用能源與資源。

循環經濟的成功需要仰賴每個環節的配合，包括產品原料重新設計，透過移轉物品的所有權讓舊物品重獲新生，將資源價值盡可能運用到最大化，思考將廢棄物轉化為養分的魚菜共生系統，以及建立產業共生系統等等。如果沒有系統性的配合，沒有任何一個產品可以自己獨立「循環」。而這之中，每一個環節都是一個人文創新的機會。

（二）共享共用

讓閒置的資源能夠獲得更有效的利用

共享經濟（Sharing Economy）是網路時代非常夯的商業模式，代表一種「共享共用」人力與資源的運作方式，包括使用者對於商品和服務的創造、生產、交易、資訊、物流和消費的共享共用。例如台北微笑單車Ubike，雖然租借單車的使用者不具單車的擁有權，但是仍然能夠使用。在共享經濟體系中，供給者能夠將手中的資源有償租給他人使用，讓閒置

7　一個人做夢，就只是夢想；一群人做夢，就會開啟新的現實，**循環台灣基金會**。檢自 https://circular-taiwan.org/（民111年3月1日讀取）。

的資源能夠獲得更有效的利用，從而使整體資源的使用效率變得更高。

此外，由於網際網路和行動裝置的大躍進發展，讓共享經濟成功衍生許多數位平台，讓供給者與使用者可以更有效的方式取得對自己有利的資源[8]。例如：Airbnb 讓屋主提供閒置的空間租賃給旅客；Uber 讓司機可以在路途中接送客人。共享經濟的初衷並不在於牟取暴利，而是追求供需平衡，避免社會資源的浪費。

讓共享經濟模式能夠加速商品被使用的速度、提高效率的關鍵原因，是「**去仲介化**」的機制。

例如，台北近期的 WEMO 共享電動車，使用者僅需要在手機 App 中確認附近是否有車，自行到停放地點進行交易即可。相比於傳統的機車租賃需要與車行老闆約定在特定時間、地點取車，對於消費者而言**可以降低交易成本**，提高市場的資訊透明度、保護供需市場的平衡。對於廠商而言，也可以建立使用者的行為大數據庫，進行數據分析以提供更貼切的服務。

在全球化的情形下，市場從單一的國家走向全世界，必須考量完善才能夠吸引消費者使用共享經濟。這幾年來由於共享經濟的急速發展，也造成一些弊端。許多企業以共享經濟為標語打造提供「共享」的商品，本質上就是傳統的租賃經濟，違背了共享經濟所要求的「更有效利用資源」，隱藏於其中的詐欺、不當履約和逃稅的議題，更是層出不窮。此外，各國

8　李慶芳（民109年5月27日）。有趣，會一再想造訪的平台！**價值共創社群**。檢自 https://team work0035.blogspot.com/?view=classic%20（民111年3月1日讀取）。

的法規是否能夠跟上共享經濟的趨勢，也是新創企業必須考量的外部因素之一。隨著越來越多人加入共享經濟，擁有者掌握了大量的使用者數據，供需雙方要如何保護個人資料以免被盜用也值得深思。

展望未來，共享經濟的目的充分運用閒置產能，有極高的正當性，在網路科技的協助下，仍是一個充滿創新機會的領域。如何發揚人文創新H-EHA的理念與策略，杜絕弊端，引導正向發展，值得大家一起努力。

（三）賦能創用

挖掘魅力、凝聚共識，設計人與空間、人與人的連結

自然環境其實是我們日常生活的鄰居，我們除了運用它來提供生產產品所需要的原物料，還需要與自然環境維持共生關係，賦予資源更大的能量與價值，同時產生有溫度的連結與對話，才符合人文創新的核心理念。

2013年，林懷民老師在台東池上稻穗成熟的季節，以稻田為場景，創作演出「稻禾」，感動人心，至今已在國際演出百餘場，讓池上成為國際觀光勝地；日本北川富朗教授在越後妻有所策劃的大地藝術祭，更是其中的典範。他讓藝術家用最樸實的方式發掘地方資源、活化舊事物，重新建構自然與文明、社會與人類之間的關係。在三年展的作品中，我們可以看到在梯田之上的美術，也可以領略豪雪孕育出的產業和稻米，更可以看到將震災復興的亭子變成能劇的舞台，老舊空屋因藝術創作重新找到生命。這些以正面積極的態度面對自然環境，帶來生命的意義與生活的幸福感，是人文創新的最佳案例。

山崎諒在《社區設計》一書中說到：「比起有一百萬人造訪，卻只各

造訪一次，不如成為一座一萬人願意造訪一百次的島嶼吧！」精準指出社區再生的目標，在於挖掘在地魅力、凝聚社區共識，重新設計人與空間、人與人的連結。

循環經濟、共享經濟與場域設計、資源創價，都是當前社會的熱門課題，也都有許多成功案例。從人文面向思考，建立人與自然的共生關係，使其兼顧經濟、永續、創作與生活，應該是人文對資源使用的終極關懷。

〔四〕 從服務共創到人本需求

（一）服務主導邏輯

現代經濟社會是一個服務性質的社會，服務業在已開發國家的佔比都很高，如何建構優質的服務系統是重要課題。Lusch & Vargo（2016）所提出的服務主導邏輯四項原則，是認識服務經濟的重要基石。他們認為：

1. **服務是交換的基本要素**：就是運用操作性資源（知識與技能），為其他行動者創造利益，而這也意謂著「商品是服務提供的載具」、「所有的商業行為都屬於服務行為」、「所有經濟行為也都是服務經濟」，而社會的本質，就是將行動者聚集在一起組成社會，也就是服務的交換；

2. **顧客永遠都是價值的共同創造者**：價值是透過與行動者的互動而共同創造產生的，價值並非單獨產生於企業或製造者內部的流程，而是透過在特定情境中使用服務的過程，連接其他服務提供者所提供

的資源，在非制式合約與關係規範下持續進行社會與經濟交換，進而不斷地創造價值；

3. **所有經濟與社會交換的行動者，都扮演著資源整合的角色**：可整合的資源包括私部門來源（如個人、朋友、家人）、市場來源（如透過等值物件交換，從其他行動者處取得）、公部門來源等，資源者透過各種直接、間接的整合方式，重組資源、共同創造價值；

4. **價值是由受益者獨特的經驗且從現象上來評定**：價值是從使用經驗而來，而所謂的受益者，指的就是所有的行動者。事實上，所有的經濟行為本就都是體驗經濟，「所有市場供給、服務提供、所有商品與價值主張，都是由特定行動者接收，並依個人狀況進行整合」（Lusch & Vargo, 2016），因此，價值也是特定行動者獨有的經驗，由個人所定義的價值。

（二）人本需求

人文創新追求各個生活面向的創新，也就是經濟社會中所有服務活動的創新，Lusch & Vargo 所揭櫫的服務主導邏輯自然是人文創新的重要基礎。只是當所有的產品或服務設計回到以人（使用者）為核心，我們會注意到，在教育領域中，我們相信每個學生都不相同，必須因材施教、用生命陪伴生命；在文化場域，我們應尊重每個族群的文史地理，透過相互尊重包容，豐富生命的探索；在身體照護中，則重視每個生命的尊嚴。因此，人本需求更關注使用者以下幾個面向：

⑴ 尊重使用者的個別性

每一個使用者由於個人生理、心理、工作、家庭條件的不同，對於產品服務的要求都不相同。傳統實體經濟考量生產成本，只能提供少數產品或服務類別。在未來社會中，大數據分析與 AI 科技帶來許多契機，如何善用現代科技實現每項產品或服務都能夠完全客製化，滿足使用者各異的需求，是一項重要的創新課題。

⑵ 認識每一個人需求的多元面向和相互矛盾

使用者所需要的產品服務除了功能面，還有情感面與社會面，在消費過程中必須要三者兼顧，社群分享就成為其中一項重要的課題，推特、臉書、Linkedin、Instagram、YouTube 的興起都反映了這個趨勢。社群分享涉及到社群、內容與媒介。創造使用者的獨特使用經驗、運用便捷的方式記錄與傳播，同時建構一個有溫度的對話互動的社群平台，都是人文創新的關鍵課題，也都是現代組織經營的重要挑戰。

⑶ 相信使用者的自主創造

在現代服務社會中，供需雙方都是一個專業知識的載體，價值是在人們產生使用「經驗」時浮現的，並非在生產階段就決定的。當科技逐漸融入各個不同的生活領域時，核心的科技專業和應用端的領域知識同等重要，因此，我們必須建立起生產者與使用者對等的地位，尋找共同創造價值的方式。

價值共創是由管理大師普哈拉（C. K. Prahalad）和雷馬斯瓦米（Venkat Ramaswamy）提出（2004），他們認為未來的競爭將依賴於一種新的價值創造方法，由消費者與企業經營者共同合作擴大兩者的共同價值（common value），同時增加彼此的個人利益，達到魚幫水、水幫魚效益。

價值共創在社群活動中更加明顯。社群中的每個成員除了是具有共同需求的使用者外，每一位使用者也都是擁有不同專業的知識個體，如果能夠互相支援，就會產生很大的力量。社區大學中很多成員既是老師、也是學生，「玖樓」安排不同專長背景的朋友同租一個公寓，互相分享專業、共同生活，都是典型的例子。

在未來的創新活動中，我們要完全相信使用者的專業，才能以自主成長的動機提供支援模組，讓使用者有完全的發揮的空間，並藉由清晰的歷程紀錄和成長回饋給予使用者，一定能帶來更多的創新。

⑷ 關心每一位需求者生而為人的基本權利

傳統的經濟活動以購買力來界定顧客和使用者，在未來的創新課題中，最有挑戰也最有價值的創新來自於有需求但欠缺購買力、尚未滿足的未消費的市場，也就是我們一般所稱的金字塔底層的窮人市場。

在人文創新中，我們尊重每一位需求者生而為人的基本權利，盡量滿足他們的基本需求。有的需求者欠缺購買力，就需要考慮擴大參與的成員，從企業擴大到非營利組織、政府部門和個人工作者，大家有錢出錢、有力出力，透過創新的安排方式，讓這些零消費能力的市場也可以得到滿足。因此，在人文創新領域中的經營模式，很多是複雜的多邊關係，需要

在使用者價值與交換價值之間尋找新的整合模式。

接近一個完全未開拓的窮人市場，需要兼具熱情與專業，從多面向來思考，倡議正向理念、改變消費者行為、重新設計產品服務、改變製造與通路流程、調整組織作業模式，都是必須同步進行的工作，這有賴各方通力合作才能成事。因此，由下而上勾勒一個想像藍圖，轉換成清晰有共鳴的主張，是其中成功的關鍵。

五　人文設計力

在人文創新的範疇中，無論是身體健康、心智教育、文史節慶，或是場域生活，都有很多「個人化」或「尚未消費」的需求，如果能夠提出適當的方案，就有機會帶動很大的創新，問題是當事人也無法直接清楚地說出他們的需求是什麼？滿足方案是什麼？或是提出看似完全不可能的要求（例如一位孤獨老人希望有個兒子陪伴）。

因此，人文創新除了要理解需求面和資源面的人文關懷外，還要精確辨識人本需求，然後結合需求與資源，找到突破點，創造出具有創新意義的產品或服務，並設計出合宜的活動，這就是人文設計力。人文設計力包括：洞察意會、意義建構、資源創價（賦能、拼湊、再生）、活動設計等四個部分。

（一）洞察意會

人文設計的第一項課題是洞察需求，也就是找到使用者的痛點、爆點

與感動點。創新管理學者克里斯汀生等人（Christensen et al., 2017）提出的「用途理論」，有助於我們進一步理解使用者的真實需求。作者在書中強調**創新的重點不是產品，而是創造顧客想要的用途。**

更進一步說，顧客其實不是購買產品或服務，而是為了讓生活有所進步（progress），才把那些東西拉進生活中，我們把那個進步稱為用途，也就是說顧客為了完成某些任務（job），而雇用（hire）產品或服務。

進一步說明，所謂「用途」，是界定為某人在特定的情境中想要獲得的進步，因此**認識「情境」，也就是某個有關的特定脈絡，往往是開發出成功解決方案的關鍵**。這些情境，往往就是日常生活。深刻瞭解使用者需求的個別性與多元複雜性，從日常生活中感受他的痛點與幸福感來源，遠比分析其他的因素，如顧客特質、產品屬性、新技術來得更為重要。

（二）意義建構

相對於克里斯汀生等的洞察需求，維甘提（Verganti, 2018）則倡議發揮設計力、創造新意義、滿足使用者的真實需求。他認為目前其實是一個創意與資源過剩的時代，創意與資源對許多人來說，它的附加價值已經越來越小。在充滿機會的情況下，有感的價值不一定需要更多的創意或資源，但需要建構更明確的方向與有意義的願景，同時將閒置的資源賦予能量，透過拼湊、再生、搭配等方式，創造出新的價值，這有賴設計力的發揚。

意義創新和問題解決方案不同，它是重新確定值得解決的問題的新願景，這個願景不僅是採用新的解決方式，而且是基於新的理由。設計者必

須清楚說明人們使用某件物品的新原因，它是一種新的價值主張，對於所要提供的產品或服務賦予新的詮釋和意義（Verganti, 2018），也讓資源與技術的意義能夠浮現。

例如，在解決孤獨老人的照護問題時提出的「青銀共居方案」，就是一個意義創新的例子。這個方案中的銀髮族提供家中閒置的空屋免費供給青年人居住，但賦予青年人新的角色，讓老人得到一份親切的陪伴，彼此的共居出現有意義的互動關係。

傳統解決方案的創新，在於針對使用者的問題與需求，提供一個功能更好的商品與服務，可以透過需求者的需求探究得到答案。而意義創新則需要融入使用者的生活，**深層探究使用者追求的人生價值與幸福感來源，以真心關懷的心情，主動製作一份蘊含真愛的禮物**，「送」給使用者，讓他感受到完全不同的意義，這有賴提供者的人文設計力。

由於意義創新是一個由內而外的創新，因此強烈的同理心與自省力非常重要。維甘提認為，從自己出發，透過內部的批評、辯論、碰撞和質疑的過程，進而形成更深層次的願景，是意義創新的必要過程。

在人文創新的範疇中，無論是教育、文化、場域或健康，很多創新都需要公私部門共同合作，才能克竟全功。因此發揮人文設計力，在意義層次創新建構，有助於超越疆界、整合不同的機構邏輯，對創新理念的落實更有其必要性。

（三）資源創價

在人文設計的過程中，要用最簡約的方式取得創新所需要的各種資

源。要達到這個目的，首先要**資源賦能**，就是對既有的資源賦予新的能量與用途，也就是一般俗話所說的無用之用。其次，在創作的過程盡量運用手邊可及的**資源加以拼湊**，以充分運用閒置資源。例如，許多手工藝術品就是將傳統婦女農閒在家的時間，結合當地的材料製成，除了創造出傳統婦女經濟上的額外收入外，更擴大手工藝品的精神價值。第三是**再生**，也就是使用回收原料或可再生原料，從源頭解決資源缺乏的問題。目前循環經濟已經成為社會普遍的共識，許多公司都積極落實中。

（四）活動設計

在人文創新的過程中，除了洞察需求、建構意義、資源創價以外，還需要設計適當的活動與物件，讓抽象的意義具象化、讓使用者產生心流／流動，這包括敘事、布置、展演、儀式等，是人文設計力的第四個要素。

敘事、布置、展演、儀式，都是活動設計的要素，一般活動設計的專論中都有完整的論述。其中，儀式在人文創新中扮演重要的角色，值得特別提出。

儀式，是對具有宗教或傳統象徵意義的活動的總稱。[9] 在日常生活中，到處都有儀式，過年過節、婚喪喜慶、開學畢業，都免不了有些儀式。這些儀式有時讓人厭煩，但也有助於我們自覺正處在某一個特殊的時點，或

9　儀式，**維基百科**。檢自 https://zh.wikipedia.org/wiki/%E4%BB%AA%E5%BC%8F（民111年3月1日讀取）。

與親友相聚或與自己對話，重新思考人生的價值意義，留下一些和其他時刻不同的記憶。

儀式的概念已在服務業中普遍被應用。例如：娛樂王國迪士尼透過精心設計的人物、劇本，加上不同情境的儀式及互動串聯，如下午的遊行、晚上的煙火，總能讓遊玩其中的人們產生共感與共鳴。這幾年來台灣社會流行元宵鬧蜂炮、春天隨媽祖遶境、中秋團圓烤肉，都是一種新的儀式，讓人們在有限的能力與條件下，有機會尋找生活中的不同感覺與體驗，追求美好的生活品質。

儀式是讓節慶具象化、讓活動神聖化的過程。誠如亞里斯多德所說：「體驗是由感覺產生記憶，許多次同樣的記憶連在一起，所形成的深刻經驗。」[10] 在體驗經濟時代，商品是有形的，服務是無形的，體驗是令人難忘的。因此，重點不是問顧客，我們做得如何或你需要什麼，而是努力追求「你還記得什麼？」儀式設計就成為其中的關鍵。

在人文創新的時代，透過理念主張建構意義到形成風潮，進而成為全民共識，這有賴對需求缺口的洞察意會；從而建構意義、賦予閒置資源新的價值，闡述物件的意義性，使物件成為填補需求的實體。在此同時，還需要設計一段可以產生高度共感的儀式性行為，讓意義能夠因為符碼的存在與行為的互動而得到彰顯，這些都是人文設計力應該有的修煉。

---

10 體驗設計的下一步？林事務所設計師林承毅解析何謂「儀式設計」，**La Vie 行動家**。檢自 https://www.wowlavie.com/article/ae1900051（民111年3月1日讀取）。

六　人文元素融入產品服務

前面兩節討論人本需求與人文設計力的基本概念，本節希望更務實的探討如何將人文元素融入到產品服務面向。

（一）找出顧客消費的「起因」

1943年，馬斯洛（Abraham Maslow）探討人類動機時，提出需求層級理論（Maslow's hierarchy of needs），認為人類的本能需求驅使人們前進，並以金字塔形式描述人類從基本到較高層次的不同需求，依序為生理需求、安全需求、社交需求、尊嚴需求與自我實現需求等。馬斯洛在晚年時，還提出超越動機的概念，指出有些人不但達到自我實現同時也是「超越者」。

就馬斯洛而言，這種人的價值觀意味著通往啟蒙的「含識之路」，「也就是幫助全人類或幫助他人……以及單純為了他人與自己而成為更好的人，最終超越自我」[11]。

馬斯洛認為，超越者的「超越動機」是更崇高的理想與價值觀，凌駕於基本需求的滿足與獨特自我的實現之上。這些超越動機包含致力於自我以外的天職及奉行終極價值觀——即存有價值觀。馬斯洛列舉的存有價值觀包括真相、善良、美麗、正義、意義、趣味、活力、獨特、卓越、單純、優雅與完整。這個觀點更展現人文精神的內涵。

---

11 為何什麼都不缺，但還是不快樂？馬斯洛：「超越者」能感受人類所能感受的最大喜悅，**遠見**。檢自 https://www.gvm.com.tw/article/79434（民111年3月1日讀取）。

若採用馬斯洛的需求層級概念，同時結合前述人本需求的討論，從基本需求滿足到高層次的精神面實現，便會發覺不同企業提供的產品或服務滿足了人們不同階段的消費需求，從基本到較高層次的需求，依序為：

1. 基本功能升級：講究安全、速度、省油的各家汽車廠，以及從過往的通訊傳輸，到現今的影音娛樂、拍照攝影集，便利與娛樂於一身的手機設計。

2. 優化介面設計：如單手秒收嬰兒車與尤努斯的窮人銀行。

3. 體驗昇華：如誠品將書店文化帶向人文藝術空間的體驗與星巴克創造出第三空間。

4. 美夢成真：迪士尼將電視卡通虛擬角色，讓消費者能在遊樂園設施裡與卡通角色如米老鼠、唐老鴨等透過設備、人偶雙方親密接觸，成功讓虛擬角色具象化而被顧客消費體驗，夢想成真。

5. 意義建構：如前章提及的挪威「慢電視」，在快節奏的生活脈動下，提供另一種「慢」文化；荷蘭失智療養村以「懷舊療法」打造熟悉環境，尊重失智長者，有助於減輕患者焦慮，積極深入每個失智長者的生活脈絡，將失智症者的晚年生活重新定義。

（二）人文創新四型

若從使用者觀點進一步思考，可以從使用價值感受與影響層面兩個軸向來分析。在使用價值感受面向，無論是產品與服務的消費或體驗，可以從解決生活情境痛點的消極面到創造幸福感的積極面；在影響層面部

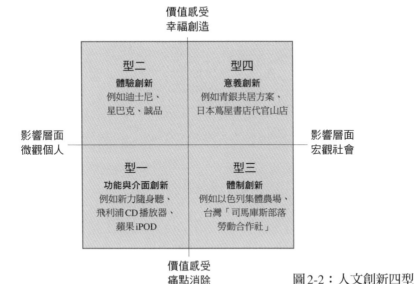

圖2-2：人文創新四型

分，產品服務的創新設計所關照的層面可能是針對特定的個人或整個群
體。因此，將過往的創新重新分類，縱軸設定為從痛點消除到幸福創造；
橫軸則分為微觀個人與宏觀社會，以下就這四個象限的意涵進一步說明。

型一　功能與介面創新（微觀個人／痛點消除）

這一類型的創新主要在功能與介面的創新，在產品服務領域中普遍可
見。企業透過技術（原料）創新、流程（生產）創新、產品（服務）創新
等提供或提升產品效能，協助使用者以適當的「物／器具」解決食衣住行
育樂等方面的基本需求，創新重點在於人與物之間的介面持續優化與使用
成本的降低。

型二　體驗創新（微觀個人／幸福創造）

這一類型的創新集中在體驗創新。當經濟從生產走向服務後，體驗成

為服務經濟的重要一環，企業透過產品與服務的提供，讓顧客在消費過程中體驗感受到愉悅感。與介面創新不同的是，體驗創新強調給予顧客消費體驗時的情感面感動，產品或服務是體驗的載具。在創新1.0中的策略（利基）創新，大幅調整公司經營策略，包括新事業發展、新市場開拓、資源配置、商業模式或外部關係（價值活動）的創造或重組，例如迪士尼、星巴克、誠品等。

型三　體制創新（宏觀社會／痛點消除）

這一類型的創新主要是體制創新，也就是關於組織管理要素或影響組織之社會系統的創新作為，其中包括組織架構、作業流程、管理作為、激勵方式、產權劃分等。Hargrave and Van de Ven（2006）回顧同時期科技採用管理與社會演進等相關文獻，主張體制變革是一個技術採用與社會演進的相互辯證過程，且認為體制創新是種集體行動模式（a collective action model），在體制變革過程中可分為多種階段與循環。換言之，當現存體制間接促成某些族群對現況不滿時，則體制創新便會應運而生。

型四　意義創新（宏觀社會／幸福創造）

這一類型的創新主要是意義創新。前引維甘提認為創新已經邁入另一個時代：從技術的變革，進入使用者的生活脈絡，向他們的生活提案，提供一種意義和願景，而意義則來自於使用者與產品之間的互動。企業應更深層的關懷顧客，找出新理由、採用新方式，重新將值得解決的問題立下新願景，亦即對市場中的產品賦予新詮釋與新方向，提出全新的價值主張成為人們使用某物件的新原因，進而創造重要意義給予人們。

〔七〕 從人文關懷出發、尋找新藍海

綜合以上各節的討論和案例的分享，我們可以了解，從人文關懷出發，可以幫助經營者更清楚的掌握使用者尚未被滿足的需求，這些需求有大有小，有的容易滿足，有的較困難，但只要願意，一定可以有突破實現的可能。這些需求缺口透過精準的設計，就能產生或大或小的創新，甚至可能為組織創造出一個完全沒有競爭者的新藍海市場。

換言之，在人文精神指引下的創新應該彰顯「**每位使用者生而為人的人本需求**」，所有的創新思考邏輯必須做以下的調整：

1. 分析的標的，**從物到人**；
2. 分析的對象，**從顧客擴展到使用社群（含未消費者）**；
3. 分析的目的，**從功能延伸到意義**；
4. 分析的主體，**從製造銷售到服務共創到自主創造**。

「人本需求」取向的創新模式也可以下面三個問句來表達：

- 先問使用者需要的用途是什麼？再問可能的產品服務是什麼？
- 先問使用者的需求如何加以滿足？再問可能付費的顧客是誰？
- 先問價值意義在哪裡？再問價值可能的傳遞通路與經營模式是什麼？

附錄　人文創新各類型的實務案例

　　以下將針對前述四種創新，介紹相對應之個案，能更清楚瞭解各類型創新輪廓。

型一　功能與介面創新（微觀個人／痛點消除）實務案例

1-1 新力隨身聽

　　1979年，新力（SONY）研發人員從日常觀察到街頭年輕人扛著大型手提音響聽音樂，發想出具便攜性、易用性的隨身音樂播放器（Walkman），加強放音與耳機的技術，解決人們須扛大型器物才能沿途聽音樂的需求，開啟新的生活方式而被《時代雜誌》評為影響時代的科技產品。

1-2 飛利浦CD播放器

　　1983年，飛利浦（PHILIPS）耗費十三年，發明了CD播放機，提供全球愛樂人一款簡單操作且耐用的聆聽音樂的選擇。研發時，因採用貝多芬九號交響曲74分42秒版本，奠定CD片12cm規格，讓科技與音樂產生碰撞，開啟消費性電子產品的技術革命。

1-3 蘋果iPod數位音樂播放器

　　2001年10月，蘋果（APPLE）發布了第一款iPod數位音樂播放器，創辦人賈伯斯（S. Jobs）發現2000年Napster網站興起後，消費者習慣從網路下載音樂後再行燒錄的習慣。眼見當時市面上播放器容量小、待機時間短，構思結合i-Tunes軟體與iPod硬體間傳輸音樂

流程，收購東芝1.8 英吋5GB硬碟專利後，進行產品開發，於一年間上市宣稱可存放250首歌曲的第一代1G / iPod，三年間在美銷售千萬台，2011年全球共銷售出三億部此一可攜式數位多媒體播放器。

1-4 Britax B-Agile 單手秒收嬰兒車

Britax公司與福斯汽車共同致力於研究安全防護，開發出ISOFIX安全汽車座椅，在歐洲享有高市佔率後，以相同安全規格推出製作「單手秒收嬰兒推車」。概念發想於看到媽媽單獨帶小嬰孩出門時，常需一手抱嬰兒，只剩下另一手能收嬰兒推車，總是手忙腳亂地處理嬰兒推車，於是便設計出「單手秒收」嬰兒推車B-Agile與B-Compact（B-Agile輕量版，約4.5kg）。

型二　體驗創新（微觀個人／幸福創造）實務案例

2-1 華德‧迪士尼的迪士尼歡樂王國

1925年，華德‧迪士尼創建「華德‧迪士尼製片」，透過筆下卡通人物的多重運用，以電影、電視、主題樂園、舞台劇、實體商品、教育遊戲軟體等型式，以「神奇驚喜」為主軸，強調家庭價值，創造出一個無遠弗屆的迪士尼娛樂王國。1971年成立華德迪士尼樂園與度假區（Walt Disney Parks and Resorts），至2013年為止，旗下主題樂園共接待了約1億3,250萬名遊客，是全世界接待遊客數最多的主題樂園公司。

2-2 星巴克「第三空間」

1987年，霍華‧舒茲（Howard Schultz）買下發跡於西雅圖的星巴克，帶給早期美國人美好的義式咖啡文化體驗，提出「第三空間」

概念，創造出家庭、工作環境外，一個人與人相處的綠洲，可以讓心與咖啡對談的空間。

2-3 「誠品」——全球最酷書店

1989年，吳清友於台北市創辦誠品書店（Eslite），主張書店應該是一個複合式的文化場域，兼容藝術書店、專業畫廊、藝文空間、人文咖啡、設計商品，同時提供藝文賞析的交流活動，匯聚人群，共同創作正向的獨特場所精神。敦南店在1999年首創24小時經營模式，因店內1.7萬平方公尺提供了多種語言的書籍與雜誌，2015年CNN評比為17家「全球最酷書店」（World's coolest bookstores）。

2-4 安德烈·瑞歐將華爾滋歡樂帶回人民生活中

1987年，荷蘭小提琴家、指揮家、作曲家安德烈·瑞歐（André Rieu）立志重現那種十九世紀「大眾音樂」精緻而又休閒的精神與感覺，創立了「約翰史特勞斯管弦樂隊」，初期演奏以輕歌劇作品為主，後續加入電影配樂與流行歌壇的曲目，將當代流行與古典跨界結合，成為該樂團演出特色。1995年，阿姆斯特丹舉辦歐洲足球冠軍比賽，安德烈·瑞歐在比賽中場休息時演奏了前一年所錄製的蕭士塔高維奇創作的「第二號爵士組曲華爾滋第二號」（Waltz No. 2 from Jazz Suite No. 2），結果全場球迷紛紛起立，隨著音樂吟唱舞蹈，電視觀眾也受到感染，在電視機前隨著音樂一起哼唱舞蹈。樂團將華爾滋圓舞曲結合戲劇化的舞台表演，不受限於劇院場地，戶外市政廳廣場、球場都是他創作表演、生動活潑的演出方式，讓華爾滋重新甦醒，回到人民的生活中。

型三　體制創新（宏觀社會／痛點消除）實務案例

3-1 以色列集體農場Kibbutz

1957年，以色列部隊來到約瓦塔（Yotvata）開墾以色列集體農場（Kibbutz，意為「聚集」），混合烏托邦主義、共產主義和錫安主義而建立的社區型態，是以色列的重要特色，佔全國GDP中工業總產值9%、農業總產值40%。在集體農場裡，不論出身、學歷、職業，大家共同分擔勞務、共享財富。個人加入集體農場後，財產要全部上繳農場管委會，再由管委會平均分配給所有居民。集體農場呈現了猶太文化核心價值──團體自願互助互利。目前全以色列有270個大小規模不一的Kibbutz。

3-2 台灣「司馬庫斯部落勞動合作社」

新竹縣尖石鄉司馬庫斯部落2004年成立「Tnunan Smangus」組織（土地共有的司馬庫斯），對外名稱為「司馬庫斯部落勞動合作社」。由族人共同規劃土地的使用，集體經營司馬庫斯的旅遊觀光，所得利益均分，合作經濟讓部落內部互助合作，強化部落文化與認同生活方式的保存，進而解決原民失業、教育等問題，建立一套完善的福利制度。

3-3 台灣以房養老逆向房貸政策

2015年，政府有感於台灣邁向老人化社會，金管會開放銀行承作「以房養老」（反向抵押貸款）的業務，讓單身、無子女、手上無現金但擁有房地產的近貧老人，能夠安享晚年。

3-4 中國支付寶線上擔保交易制度

2003年，淘寶網為解決賣家與買家雙方用戶間的資金安全與信

任問題，參考美國PayPal支付方式，開發出「支付寶」線上擔保交易工具，目前是中國大陸地區最大的獨立第三方支付平台之一，且有多數中國民眾已將支付寶取代現金或信用卡等交易方式，成為目前中國大多數的主流付款方式之一。截至2018年3月31日，支付寶用戶量達到8.7億，是全球用戶量第一的行動支付服務機構，也是全球第二大行動支付服務機構。

3-5 孟加拉尤努斯創辦「鄉村銀行」

2006年10月13日，諾貝爾和平獎得主孟加拉的穆罕默德‧尤努斯（Muhammad Yunus），因1983年創辦的「鄉村銀行」（Grameen Bank；在孟加拉語Grameen意即「鄉村」）而獲獎。

尤努斯堅信貧窮是制度設計的缺陷使然，反銀行之道而行，獨創「小額信貸」制度，受貸者免提供擔保品、推薦人等傳統信貸制度的要求，改為集體貸款的「信任」制度，以五人一組互為保證人，使無數赤貧人民在無需擔保或抵押的情況，尤其是在教律嚴格的伊斯蘭國家中的女性，高達97%的女性透過鄉村銀行借到小額貸款（平均貸款額度是130美元），用來創業、改善生活水準與擺脫貧窮。

型四　意義創新（宏觀社會／幸福創造）實務案例

4-1 日本蔦屋書店代官山店──全球最美的書店

日本蔦屋書店經營者增田宗昭師法美國APPLE旗艦店品牌概念，重新打造代官山店，成功傳遞與客人分享「空間」與「時間」的價值觀，進而賦予顧客品牌體驗。2012年，Flavorwire.com網站因認為實體書店仍有其重要性，評選出全球最美的20家書店，代官山蔦

屋書店獲選為其中一家。

4-2 挪威國家廣播公司「慢電視」系列

2009年挪威國家廣播公司（NRK）為慶祝「卑爾根火車旅程」百歲生日，以一鏡到底錄製長達七小時火車之旅為首的「慢電視」系列，從記錄鐵路旅程、郵輪之旅、燭火、木柴堆燃燒、工藝品手工製作到馴鹿遷徙過程共十一個系列，當時深受挪威民眾喜愛，其中郵輪系列更有320萬民眾收視觀看，相較於追求聲光刺激的視覺音效，「慢電視」提供了另類節目型態，在現代匆忙生活步調下，提供另一種管道讓身心得以放鬆平靜、藉由觀賞「慢電視」如郵輪之旅成為另一種心靈體驗與沉澱的旅程。

4-3 荷蘭侯格威村失智療養村

2009年設立，以療養嚴重的阿茲海默症與老年癡呆症的失智患者聞名的荷蘭失智村（Dementia Village），又稱「侯格威村」（De Hogeweyk），以「懷舊療法」打造熟悉環境，有助於減輕失智症患者的焦慮，積極深入每個失智長者的生活脈絡。患者可以選擇不同布置風格，如古典、居家、宗教、文藝、地方特色等房間，讓入住者有家的感覺，銜接起入住者先前生活和照顧機構間的延續性。住在村落的失智長者也能擁有其他養老院所沒有的自由，如逛街購物、郵局寄信、烹調，讓長者能以更有尊嚴的方式活著，減緩藥物依賴，度過人生最後時光。

生　態

異質需求的滿足，
有賴眾多行動者的
自主共創、同時展現、
共同演化。

從人文關懷出發，尊重使用者的個別差異、滿足人本需求，是一個複雜的系統工程，有賴許多成員的共同協作才能成功。決策者需要有寬廣的視野，將思考範圍從個別組織擴大到整個生態系統，在決策時的考量也應從傳統經營強調的競爭邏輯轉換成互利共生的夥伴思維，因此人文創新H-EHA模式的第二個重要元素是「生態思維」（ecosystem）。

生態思維與傳統發展策略時常用的SWOT（優勢、劣勢、機會、威脅）分析方法，在基本的思維邏輯上並不相同。首先，**是對環境的觀點**。由於生態思維將外部環境視為系統的一部分，因此外部環境從原先無法掌控的機會或威脅，發展成為可以納為自身版圖建構甚至適應生存繁衍的一部分。

其次，**是對競爭者的態度**。SWOT重視組織自身的優劣勢、追求競爭求勝，而生態思維則強調每個成員都要能生存、且與外部族群共生。因此，如何與其他成員形成互補共創的局面才是重點，即使是直接競爭者，也要努力相互調整創造「非零和」的競局。

換言之，SWOT分析通常建議決策者在經營時強化優勢、防守劣勢，掌握機會、規避威脅。生態思維則會這麼思考：**看見機會，邀請夥伴共同發展；面對威脅，從長遠視角解讀環境並和平共處；擁有優勢，建立服務平台、分享助人；面對劣勢，追求邊陲創新、開創新局**。兩者在策略邏輯思維上有很大的不同。

不同於組織，生態系是個較抽象的概念，近年來管理學術界才開始有較多的探討，但還不成熟。因此，本章擬先介紹「華山文創園區生態系」的實務案例，幫助讀者理解生態系所有相關元素在實務上的意涵，以及如

何透過妥善的搭配，使得整個華山文創園區可以在堅持核心價值與自主經營的前提下，滿足許多不同消費族群的需求。當我們清楚掌握人文創新生態系的形貌後，接續再行討論人文創新生態系的組成要素和基本特質。

一 華山文創園區人文創新生態系

今天提到「華山」，對多數台北人來說會在腦海中閃過的，可能已非三、五個人在山頂比武爭排名的「華山論劍」，而是位於忠孝東路的「華山1914文化創意產業園區」（以下簡稱「華山文創園區」）了。

不過，大概誰也沒注意到華山文創園區的生成繁盛不過短短十多年。由於經營者的精心投入，過去這片長期被閒置在橋邊的老舊廠房居然搖身一變成為海內外知名景點。藉著紛呈多樣的活動以及一檔接一檔的展覽，在新冠疫情前每年至少吸引600萬人次的到訪，整個園區開出去的發票總額就達5億新台幣。而支撐起這個地方今日輝煌的是天時、地利、人和等多元要素的機緣組合，有天命、有汗水、有算計，是人文創新生態系統的典型案例，它的生成與運作模式可以從以下幾個面向觀察。

（一）豐厚的歷史底蘊

1914年，日治時期的華山是以生產「蝴蝶蘭清酒」打響招牌的造酒廠。1946年，國民政府菸酒公賣局時期的華山依然是酒廠，生產的主力酒種則改為米酒、太白酒、紅露酒和水果酒。直到1987年，由於市中心地價的飆升以及製酒過程產生的水污染問題而遷離，這個地方也就一直這

麼空著。[1]

　　十年後的 1997 年，一群藝文界人士注意到了這個杳無人跡卻蓊鬱蒼翠的地方，也在揭開外頭濃重的綠意後發現了塵封其中的那段厚重記憶，認為這個地方非常適合作為藝文類活動的場地。那年年底，小劇場劇團「金枝演社」進入華山，排練並演出《古國之神——祭特洛伊》。

　　沒想到這齣戲的導演隔天就被警方拘提，罪名是「竊佔國土」。而這起事件旋即便讓「閒置空間再利用為藝文空間」議題成為社會關注焦點，也受到熱烈討論。

　　1999 年 1 月，「華山藝文特區」正式實施。這個十年來乏人問津的地方最終成了公共空間，從此深受藝文界、非營利組織與市民大眾青睞，自然進入了每個人的腦海記憶。

（二）獨特的建築景觀

　　除了歷史背景外，獨特的建築景觀也是華山文創園區無可取代的亮點。依舊屹立的歷史建築，用身上見證過百年興衰的龜裂和斑駁，為新生的華山文創園區注入了不一樣的生命力。

　　像是早在 1914 年便開始興建而專門生產「蝴蝶蘭清酒」的工坊，或是已經被劃定為市定古蹟的高聳煙囪、烏梅酒廠、釀造米酒的高塔區，還有原本被列為市定歷史建築，2021 年後升格為古蹟的四連棟、米酒作業

1　鄭林鐘（民 108 年 5 月 15 日）。1914 年，前人跨出了第一步，**2018 華山年報**。檢自 https://ws.huashan1914.com/QRCODE/2018HSAnnualReport.pdf（民 108 年 5 月 15 日讀取）。

廠以及當年製作樟腦的歷史建築「紅磚六合院」，其中最具特色但不一定大家都知道的是，一口井、一桿煙囪和一面牆。

　　大概很少人知道華山文創園區現仍藏著一口井，這口井就和整個廠區一樣老，是酒廠當年賴以生存的重要命脈。畢竟釀出來的酒好不好除了原料、設備和技術外，水質才是關鍵。日治時期的酒商當初把酒廠蓋在這裡，正是看中了台北盆地底下的甘美清冽地下水源，又恰好發現有條地下水脈流經華山。

　　2007年，行政院文化建設委員會（文建會，即今之文化部）將華山定位為「台灣文化創意產業的旗艦基地」，並以「促進民間參與」的模式，將園區分為BOT（Build-Operate-Transfer）、ROT（Rehabilitate-Operate-Transfer）、OT（Operate-Transfer）三個經營實體。同年4月，ROT案正式招標，公開徵求民間參與投資。

　　消息一出，遠流出版公司董事長王榮文立即帶著同仁，偕同國賓大飯店、仲觀設計顧問公司共組「台灣文創聯盟」投入競標，5月贏得最優申請人資格後，6月正式成立「台灣文創發展股份有限公司」（以下簡稱「台文創公司」）。11月6日順利與文建會簽約得以負責園區整建，並取得十五年的園區經營管理權，期滿後有條件再續約十年。

　　對台文創公司來說，接下來要做的就是想方設法地將更多人帶到這口如今還汲得出水的老井前，親身體驗酒廠曾經的生活，認識昔時台灣的歷史脈絡，或許也一起寫下新的故事。

　　而沿著藝術大街踏入園區，一眼就能看見一排連成一片的建築，那是市定古蹟「四連棟」。不過能在第一眼就攫住往來訪客目光的，通常不是

蒼老的建築，而是溢滿了一整面牆的植生。

　　訪客們將這片四季都有植生風景的大牆直接暱稱為「藤蔓牆」，而牆上蔓生的植物其確切的學名叫做「爬牆虎」（Parthenocissus tricuspidata），與葡萄算是遠親，生長時只是以吸盤貼附在牆面而不向下扎根，不僅不致破壞建築物結構，還能降低建築物內部溫度讓室內變得涼爽。

　　台文創公司在接手經營園區後，將爬牆虎種上了四連棟的大牆，最終長成一處豔麗鮮活的熱門景點。許多民眾喜歡在藤蔓牆下拍張「到此一遊」的紀念照，不少網美也會專程來此取景，精心地構圖、調光然後慎重地按下快門，接著立刻打卡上傳。

　　一張張打卡上傳的照片不只是當下的美好記憶，也在不知不覺中成了最有力的宣傳，吸引更多人來到這片經常是翠綠迎人的牆前「朝聖」。

　　至於煙囪，則是園區早期的三大古蹟之一，是1931年增建酒廠新廠房時，為了配合鍋爐而興建。落成時總高度為50公尺，是當時台北進步與工業化的新地標。

　　到了1970年，因為鍋爐的燃料從原本燃煤改為重油，就將煙囪截短了3公尺；即便如此，煙囪依舊是目前園區最高建築物。雖然抬頭就能輕易望見，但若想看到煙囪的特殊景致卻需要一點運氣。就像園區導覽員所說，只有在天氣好且光線也夠的時候，才能看見在煙囪裡築巢安居的喜鵲。

（三）便利的交通位置

　　除了豐厚的歷史底蘊與建築景觀，交通便捷是華山文創園區發展的最

佳保障。座落在忠孝東路、金山北路、杭州北路和市民大道共同交織出的廣袤區域，說得上是台北市精華地段的中心。此處四通八達，與光華商場、台北車站、永康街商圈或台北 101 的距離都不遠，不管是自己開車或搭乘大眾運輸工具都非常方便。

但最簡捷的方式就是搭乘捷運。華山位在板南線（藍線）善導寺站和忠孝新生站的中間，出站後走個三、五分鐘就到了。2010 年 11 月 3 日中和新蘆線（橘線）的「忠孝新生—蘆洲」段開始營運，接著 2012 年 1 月 5 日「忠孝新生—輔大」段也投入使用，並將這兩條路線更名為「蘆洲線」與「新莊線」，忠孝新生站因此成了捷運路線的重要大型轉乘點。

隨著新路線的開通與啟用，越來越多人能便捷地親炙華山獨特魅力。短短兩年光景，到訪人次便從 2010 年的 67 萬人急遽上升到了 2012 年的 155 萬人，兩年的成長超過一倍有餘。

（四）多面向經營——會議、展覽、表演、商店

2007 年 12 月 6 日，台文創公司正式進駐華山，開始營運。籌備期間，公司一些董事提出比照百貨公司的經營型態，建議只要將園區的空間適度分隔然後邀請不同文創店家進駐。

只是這個提議最終未被接受。董事長王榮文認為，華山文創園區就像是自己多年經營的出版社，應該像武俠小說的「江湖」，沒有條條框框才能藏龍臥虎。何不就讓所有人都在這個地方自在穿梭、盡情地體驗生活，藉著文字和表演分享，跟各式各樣的人一起激發出嶄新的故事與感動，最終，讓每個人找到最適合自己的「那個」角色。

「讓該相遇的人相遇，讓發生在這裡的事物都有意義」，王榮文如是說。

正式開始營運後，為了實踐台灣文創產業旗艦基地的角色定位，也試著為台灣其他城市的文創發展提供經驗，台文創公司將華山文創園區的場域分為會議、展覽、表演、商店（簡稱為「會、展、演、店」）等四類經營面向，就此篩選適合使用園區空間的活動與品牌。

這個政策讓華山文創園區擁有了多元異質的活動與成員，大家來來去去，讓整個生態系充滿流動的創意，引發源源不絕的生態系。

⊡ 會——多元會議的舉辦場所

華山的高挑建築空間讓人身處其中對話、交流時有完全不同的體驗，是許多單位的最佳會議場所。光是2016年就舉辦了超過兩百場會議，包括各種記者會、論壇、講座和發表會，參與總人數高達42,524人次。平均下來，每場記者會至少有156人次參與，講座117人次，發表會則有493人次。大量人潮常為這些會議或講座吸引許多預料之外的臨時參與者，也讓這些正在討論的議題與正待傳揚的理念得到更深遠的推廣。

而園區的「華山文創沙龍」更是重要的會議場合，平均每個場次的參與人數為150人，活動時間平均約是兩個半小時。每個月的週三至少舉辦一場沙龍活動，探討像是「社會倡議」、「文藝推廣」、「科技創新」等重要社會議題。

這裡也協辦許多原創發表活動，常以聚會或沙龍形式呈現，如「龍應台基金會」就經常在這裡舉辦講座，從國際局勢和兩岸議題入手討論政

治、國際、文化議題。台文創公司發起成立的「財團法人台灣文創發展基金會」（以下簡稱為「台文創基金會」）也曾配合《科學人》（*Scientific American*）雜誌，依照當月期刊內容進行主題式沙龍活動。

② 展──國際級展覽空間

在川流不息的人潮裡，有超過一半訪客（約有65％）是為了來看展覽，而那些錯落在園區，尺寸、規格各異的場地也能滿足不同策展需求。單是2016年，園區就舉辦了125場規模與型態不盡相同的展覽，包括授權展、博覽會、個人展和畢業展，總共吸引了294萬人次，且有37場是參觀人數超過一萬人的大型展覽。

而台文創公司在背後扮演著輔導與顧問角色，藉著提供過往的策展經驗，協助每一檔展覽活動順利進行。

舉例來說，2017年由「聯合數位文創公司」主辦的「Paul Smith世界巡迴特展」（Hello My Name is Paul Smith），才一開展便馬上成為當時Instagram（IG）的熱門景點。

參觀者多半是年輕女性，喜歡在展場設置的粉紅牆面和檯燈造型造景前拍照並上傳社群媒體（以Facebook與Instagram為大宗）。許多部落客與網紅也會在看展後拍照打卡，連帶吸引了更多訪客。

展場內不只重現了 Paul Smith 位於英國諾丁漢（Nottingham）Byard Lane 的第一家店鋪，還一比一地複製了他的辦公室，讓參觀者能夠身歷其境地體驗並欣賞他的收藏品。就算是平時不太關注時尚品牌或對 Paul Smith 較為陌生的訪客，也能跟著導覽快速地了解 Paul Smith 的創業過

程，如何從一小間店鋪慢慢地成長為如今據點遍布全球的服飾品牌。

　　而同一年由「時藝多媒體」、「奇藝文創」與「閣林文創」共同主辦及「未來通行創意整合」協辦的「上帝的建築師──高第：誕生165週年大展」，則被稱為華山文創園區當年三大展覽之一。

　　展覽開幕前一共舉辦了三次宣傳活動，包括安東尼‧高第（Antonio Gaudí）的紀錄片放映會、「札哈‧哈蒂（Zaha Hadid）× 安東尼‧高第」雙建築展講座，以及開展前的記者會。

　　除了各有千秋的特展外，讓華山文創園區近年來廣受各界矚目的還有一年一度的「華文朗讀節」（以下簡稱「朗讀節」）。對很多人來說，朗讀節就像是工作後的放鬆活動，每次參加都能接觸一些新的故事、認識一些新進作家，也由此開始涉獵不同類型的書籍，獲益良多。

　　透過每年不同講者與作家間的組合、互動，朗讀節這個場合不僅成為不同朗讀者間激盪靈感、擦亮火花的契機，也成功地創造許多關於閱讀的話題，漸漸帶起一波波閱讀風氣。

　　這股日漸發酵的影響力也慢慢延伸到了不同的教學平台，進一步實現了台文創公司一直以來的願望，便是要讓華山文創園區成為台灣文化創意的「孵化器」，或是除了學校之外的另個散播華語文火種園地。

　　而近年來持續增加的新住民，也讓更多具有鮮明特色的文化注入台灣社會，成為文化底蘊的一部分。台文創公司便藉著翻譯不同作家的作品，搭配當地語言、故事與美食等不同面向，透過 2018年的朗讀節帶領參與者一同了解新住民的原鄉文化。

③ 演——特色藝文表演

除了會議與展覽，琳瑯滿目的表演也是華山文創園區的重要組成部分。台文創公司始終希望將園區營造成小型表演團體和街頭藝人的舞台，不只提供場地，還會補助各種演出活動。舞蹈或戲劇類的演出通常使用「烏梅劇場」，流行音樂相關活動則在「Legacy」舉辦。園區也有幾個固定地點專門提供街頭藝人演出。

2017年7月，光是烏梅劇場的演出每場平均便有156人次觀賞。烏梅劇場原是貯存酒類的倉庫，後來改建為劇場空間，是標準的三面式舞台，共有231席座位。藉著這個劇場，台文創公司得以支持各種小型表演藝術團體，讓這些團體的創作成品能有更多機會受到關注。

而Legacy則是華山文創園區的流行音樂展演場域。2009年12月，「Legacy Taipei」進駐「中五館」，為原本便極具文藝氣息的園區增添了以往沒有的流行音樂元素。

選擇「中五館」則是因為建築結構不會產生視覺的遮蔽和死角，空曠場地也能因應不同需要架設寬闊舞台或加裝演唱會等級的燈光音響設備，場地應用多元且彈性。

2016年，Legacy一共舉辦了173場音樂展演，總共吸引105,712人次，平均每場有611人次參與，且有17場參與人數破千。

除了歌手與獨立樂團商借場地舉辦演唱會外，Legacy也有自己發起的系列演唱會。如近年來頗受樂迷歡迎的「都市女聲」系列，是從2010年起每年邀請具有現場演出實力並能唱出女性心聲的女性音樂人登台演出。

　　街頭藝人是園區的驚喜來源。假日時段，園區木棧道地板或千層野台幾乎人山人海。楊元慶透過簡單的螢光溜溜球和不同的特技甩法展現高超技能。「紅鼻子馬戲團」親子默劇魔術表演則以氣球與小朋友互動，也有三人極限表演展現出團員的力與美。

　　在扶持管理街頭藝人方面，台文創公司並不要求表演者提供街頭藝人證照與繳付場地費，重點在於是否獲得市場支持或能否帶動整個園區的歡樂氣氛。在園區大量人潮支持下，街頭藝人演出一天的打賞金最多可達三萬元，最少亦有兩千元。

　　此外，在週末前的TGIF夜晚，木棧道地板附近也是非常熱鬧，一群Swing舞者呈現了慶祝下班的喜悅，搭配美國二○、三○年代爵士樂的即興表演，放鬆自由且呈現不需言語來和他人交流的社交舞風。Swing Taiwan 的推廣者說道：

> 「我們一開始推廣Swing的發源地就是華山木棧板，現在人數越來越多，我們還增加不同時段：[週]二在華山、[週]日在松菸；可以跟不同人更多交流和雙人舞的練習，也可以認識到許多不同領域、厲害的朋友。」

⑷ 店──藝文商店進駐或快閃

　　相較於不斷更迭的演出活動和會議，園區始終不變的就是熱鬧的市集與餐廳。「中4C」場地原是酒廠的蒸餾室，如今規劃成市集區域。每隔一段時間，台文創公司都會訂立貼合當下時令的主題，然後挑選約莫十家

品牌、廠商一起組成具有節慶氣息的特色市集。

訪客除了能在市集找到精心陳列的飾品、不同風格的服飾或是各種生活小物，也能在放鬆心情逛逛市集的同時接觸豐富多樣的文創商品。

另一方面，隨著時間變換主題的特色市集不只吸引來訪人潮，也為那些尚未打響知名度的小眾品牌創造機會讓更多人看見。台文創公司也會依照市集中各個廠商的表現，評估未來是否需要給予更多資源，支持其繼續成長。

而快閃店則常在藝術西街三個貨櫃屋與「中3B館1F-1」的玻璃屋出現，有時也直接在「樹前草地」或「金八廣場」搭設臨時建築和貨櫃展店。許多表現亮眼的品牌或廠商隨後便有機會在台文創公司的協助下，以短則一個月長則三個月的租約，用快閃店形式再次在來訪人潮前亮相。

也正因快閃店能藉由園區大量人潮提升曝光機會並建立品牌形象，不只是許多知名廠牌喜愛的行銷方式，也是小品牌能用較低成本進行市場實驗的方法，短時間內觀察市場反應並思考如何調整經營策略。

對於台文創公司來說，這樣的合作模式也為公司帶來了可觀獲利。在合作之前，台文創公司依舊會謹慎地挑選合作品牌並指導其呈現形式，使之符合整個園區營造的文創氛圍。

而台文創公司對有特別文化意義的廠商，無論租用價格或是場地位置也會特別協助。如「日星鑄字行」當時有意在華山開設快閃店，台文創公司便提供了最佳地點——玻璃屋，又加碼各種細節與執行的支援，正是為了能讓更多人接觸台灣早期印刷文化。

在整個華山文創園區最具知名度的特色商店應是「光點華山」，2012

年正式啟用，是「光點生活」在台北的第二家店面，由侯孝賢導演領軍的「台灣電影文化協會」經營。店內設置專業的電影放映廳，總座位數為308，主要放映文藝電影和各國主題影展的電影，也舉辦電影座談會、展演活動、金馬影展等。雖然藝術電影在台灣受歡迎的程度不比主流電影，仍有逐年成長之勢。

光點華山的核心概念便是「電影」與「生活」，商店規劃了以電影、音樂、人文、藝術、設計為主題元素，且讓訪客在觀影前後都可輕鬆討論電影話題的空間。相較於光點台北，許多訪客都認為光點華山的音響設備、座位舒適度、影院內氣氛都更好些，能真實地呈現電影的原汁原味。

光點華山的隔壁便是「光點珈琲時光」，這樣的搭配讓許多愛看電影的訪客認為相當方便。下班後趕來觀賞晚場藝文電影時，光點珈琲提供的簡單餐飲能讓人省去尋覓晚餐的煩惱與時間。除此之外，光點珈琲也是許多知名導演、演員和作家流連駐足的地方，運氣好的話說不定轉身就能見到某位知名創作者靜靜地坐在角落醞釀著新作品。

另外，園區二樓的「青鳥書店」與位於「中4B區」的「知音文創」也都是熱門的特色商店。與一般書店不同，青鳥書店不只讓人來看書，更主動地用影音媒體將與書籍相關的知識努力傳遞出去，試著將大眾帶進書中世界。

原本負責「松菸閱樂書店」經營管理的蔡瑞珊偶然看到了華山的環境，尤其園區二樓空間有著透亮的三面採光，因而產生了類似攝影棚的奇妙氛圍，於是立刻決定向台文創公司爭取開設書店。而過去豐富的媒體從業經驗也讓她採取了不同於傳統書店的商業經營模式，最大程度利用了書

店內良好採光與適合攝影的優勢，在這個不到20坪的空間裡頻繁地舉辦講座與各種活動，也藉著販售線上影音與廣播獲利。開幕後短短三個月內便舉辦了31場活動，一共吸引了1,044人次參與，最受歡迎的場次參與人數甚至多達120人。

「知音文創」則是國際知名卡片、文具與禮品公司，曾在園區舉辦展覽。由於成效良好，經台文創公司主動接洽後決定進一步延伸當時的展覽內容，成為座落於「中4B區」的固定店面，規劃出介紹木製品工藝的互動區、展示木製玩具與音樂盒的展示區、能客製音樂盒的DIY區。因為展出許多適合兒童的玩具，也設有座位並提供餐飲能讓家長與兒童休息，非常受到帶著孩子的年輕夫妻歡迎。

⑤ 店——特色餐飲複合店

園區最不可或缺的便是餐廳。除了竭盡全力滿足訪客的喜好與需求外，台文創公司也會挑選進駐餐廳，因為對其來說餐廳既是必要的存在也是複合性場所，除基本餐飲服務外，還要能為園區帶來額外的商業利益與文化特色。

一些頗具名聲的複合式餐廳如「富錦樹」、「小器」、「好樣」等都曾進駐。除了提供餐點外，部分空間也會展示並販售具有特色的文創商品，試著營造特殊的生活風格。

另外，台文創公司也邀請尚未具備知名度但有文化意涵的餐廳，如曾獲得「紅蝦評鑑」（Gambero Rosso）的義大利餐廳 Piccola Botega，希望能藉著園區的高人氣協助增加其曝光機會。

在眾多餐廳中，2012年進駐園區的「好樣思維」便是典型的複合式餐廳。店面一樓是稱為「眾樂樂空間」的餐廳，每個月邀請一位藝術家展示作品。二樓則是書店，稱為「獨樂樂空間」，會在一個兩坪左右的玻璃空間內邀請設計師或工藝家成立工作室或展出作品。五年內一共邀請了近百位不同領域的藝術家，說得上是華山文創園區特色餐廳的代表之一。

（五）一流的協作夥伴

在整個華山文創園區，台文創公司只是居於幕後的製作人，所有展演活動都由協作夥伴執行完成。這些一流的成員是成就整個園區生態系的重要行動者，包括：

1. 光點華山電影館：由「台灣電影文化協會」（簡稱「電影協會」）負責經營管理，目的在於促進影像藝術文化交流、整合影像創作資源，藉由舉辦電影相關教育訓練及活動，培育影像創作人才，並持續推動文化與教育活動。而原為酒廠再製酒包裝室的「光點華山」在1996年由文建會規劃改建為電影館，2012年正式啟用，並由電影協會負責經營。除了光點華山外，協會早在2002年11月也曾接受台北市文化局委託，將前美國大使官邸打造為「台北之家・光點台北」電影文化空間。由於協會的號召力，為園區帶來許多熱愛電影藝術的觀眾。

2. 北藝大華山學堂：臺北藝術大學則在果酒練舞場開設了「北藝大華山學堂」，提供舞蹈及太極課程，讓一般民眾來華山不只觀看展覽

與閒逛，還可一起來舞動身體，對北藝大也有些了解。

3. 台文創基金會：基金會以「經營故事、經營感動、成就品牌」為使命，致力於推動台灣文創發展，並以華山園區為建立思想與創意交流的平台，使文化創作者、教育者、科學人、創投等能在這裡相遇並激盪出火花。基金會為台文創公司創辦，和台文創公司共同營運華山。基金會的資金來自各方捐款，經營形式係由過往遠流出版公司轉型，並非以賣出書本的收入為依歸，而是以各界活動捐款作為舉辦推廣華文閱讀氣息活動的支出來源。基金會致力於推廣閱讀嗜好，對於現代人閱讀習慣的改變如零碎、快速、知識娛樂的滿足狀態等皆願「以出版社為核心，創造出跨界創價平台」，希望可以觸及不同族群，讓更多人加入文創和閱讀行列，讓台灣的文化推廣與國際交流持續進步。

4. 合作廠商：在租借場地的廠商中，有特定幾家與台文創公司建立起非正式的長期合作默契，合作頻率較高，舉辦活動成效也十分優異。例如：南台灣最早成立的藝術經紀公司「寬宏藝術」，2016年共曾舉辦三個展覽，分別為「尋找快樂——威利在哪裡特展」、「日本紙雕王——太田隆司特展」、「移動的房間——陳綺貞創作展」，參觀人數皆曾破萬人次。又如「康泰納仕綜合媒體」，2016年也曾舉辦六次大型特色活動，其中三次的參展人數破萬，分別為「克蘭詩Power of Double美麗相遇影像概念展」、「2016 GQ Men of The Year」、「Vogue百年時尚攝影大展」。康泰納仕綜合媒體是世界知名雜誌出版集團Conde Nast於1996年在台灣設立的子公

司，以出版高品質的時尚與生活品味雜誌為核心業務。除此之外，中時、聯合兩大報系旗下的策展公司，更是華山最重要的展覽夥伴。「聯合數位文創」曾經策劃2016年度參觀總人次最高的「吉卜力的動畫世界」特展，另也籌辦了「名偵探柯南展」等，成效都很亮眼。「時藝多媒體」除了策展過前面提到的高第建築展，還一手包辦了「普立茲新聞攝影獎大展」、「國家地理經典影像大展」和「Vogue百年時尚攝影大展」（共同主辦），將當今最權威的三大攝影展一網打盡，而且全部都在中4B展出，創造另一個攝影展的勝地。

（六）前瞻創意的經營思維

2007年，台文創公司開始經營華山。其實這不只是「文創園區」的概念第一次被引進台灣，也是首開先河地由一家公司獨力接手並經營整個園區，根本沒有其他相似範例可資借鑑或依循。對台文創公司來說，一切只能從零開始，而主事者的前瞻創意經營思維，是整個生態系能夠成形的軸心。

王榮文以「一種風景、一所學校、一座舞台、一本大書」為園區的經營願景，認為「一種風景，可以欣賞；一所學校，可以學習；一座舞台，可以展現成果，揮灑能量；一本大書，記錄下我們從過去到未來的努力軌跡」。

對他而言，華山園區是匯集創意的「江湖」，每天上演的精彩「風景」不斷地激發更多故事與感動，是所有人都能自由思考與創造些什麼的

地方。

　　憑藉著園區的優越交通位置與歷史底蘊，台文創公司與每一個在此扎根的品牌、每一檔曾在此舉辦的展覽與座談，以及每一位曾在此駐足的訪客，一同編織、彼此激盪，最後融匯在一起，孕育並滋養著這片仍在持續成長與變化的創意發生之地。

（二）人文創新生態系的組成要素

　　透過上述案例，讀者對「人文創新生態系」應該可以有一些認識。華山文創園區雖然由台文創公司經營，但是能夠蓬勃發展，同時有賴天時（人文歷史條件）、地利（地理位置）、人和（會、展、演、店與協作族群的完美搭配），共同形成一個完美的人文創新生態系統。從上面的案例進一步剖析，人文創新生態系可以分解成六大要素，包括**軸心主張**（shared-proposition）、**場景**（scenes）、**協作族群**（symbiosis groups）、**活動**（activities）、**行動者**（actors）與**心流／流動**（Flow/flow）等六項，簡稱「S3A2F」。圖3-1顯示有許多不同的客群來到華山文創園區，每組客群會設定自己的行動路線，接觸不同的活動與行動者。而整個園區的活動與行動者，是由樞紐廠商（台文創公司）依循既定的軸心主張與人文地理場景，加以佈建。由於客群多元複雜，活動與行動者的選擇也必須考量各異的需求，才能讓客群感受到流動的順暢與心流融入。

　　整體華山人文創新生態系的成果除了表象的場景、活動與行動者外，還受到周遭協作族群的影響，包括輿論媒體、資源供應者、地方耆老和體

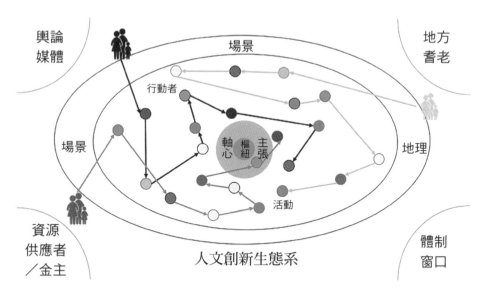

圖3-1：人文創新生態系示意圖

制窗口等，以下就S3A2F等六個要素進一步加以討論。

（一）軸心主張（shared-proposition）

在人文創新生態系統，或由於核心行動者的倡議主動提出，或由於所有成員互動對話後逐漸浮現，都有一個植基於理念、故事或文本以及對社會現象精準解讀的軸心主張。當其意義越發明確，或越能彰顯追求精神文明與幸福人生的普世價值時，就會產生越大動能，引導生態系統出現有熱情的行動者與自成秩序的活動，進而創造更大社會價值。

本書作者認為，「軸心主張」與企業管理常用的「價值主張」（value proposition）略有不同。價值主張指企業為特定顧客群所帶來的獨特利

益；而軸心主張則強調是整個生態系統的共同主張，為所有成員共有。這個主張必須能貫穿整個生態系而非專屬核心成員個人或單一組織，只有在所有成員高度共識的情況下，主張才能產生力量。

舉例而言，華山文創園區的軸心主張如前述「一種風景，可以欣賞；一所學校，可以學習；一座舞台，可以展現成果，揮灑能量；一本大書，記錄下我們從過去到未來的努力軌跡」，以風景、學校、舞台、書來形容華山生態系的價值，足以吸引每個參與者盡情感受、學習、展現與體驗，透過自身力量去自由創造更多可能，這個主張容易為多數成員所接受。

（二）場景（scenes）

所謂場景，指生態系存在的自然地理、文化背景與體制條件彼此交互影響後浮現的獨特景象，包括有形、無形兩部分。場景會形成生態系統成員的共同背景條件，也是其生存依賴的共同資源。

場景資源的豐沛程度決定了生態系統的持續發展與成長空間。由於成員爭取共同資源，過程中有可能成為競爭關係，如果競爭激烈就會出現弱肉強食的狀態。不過，場景也會成為有吸引力的舞台，每個成員在這個舞台用自己的創意詮釋而賦予場景不同意義。

由於場景共通，人文創新生態系的成員活動很容易出現「場域共振」現象。例如，來到華山文創園區舉辦的活動，久而久之就因奠基於相同場景與資源而出現相似的基因與風格，守門人機制與行動者間的相互學習應是其中重要原因。

（三）協作族群（symbiosis groups）

協作族群指在生態系外圈（後台）提供養分與後勤服務的支援族群組合，可以視為場景條件的形塑者或具有特殊影響力的行動者，既是生態系運作過程的限制條件，也可能成為互利的共生者。

協作族群可以續分為四類不同族群，包括資源供應者（也就是俗稱的「金主」或金融分析師）、體制窗口（體制的制定者與執行者，也就是俗稱的「主管官員」）、輿論媒體（社會意見領袖）和地方耆老（隔壁鄰居）等。

在華山案例中，協作族群包括贊助活動的基金會、台灣電影文化協會（光點）、文化部、新聞媒體和園區周邊商家等，這些角色共同塑造了華山場域的獨特性與條件限制。

（四）活動（activities）

活動指生態系統為了彰顯軸心主張、創造使用者的價值而呈現的各項演出，透過人文地理場景、演出成員與顧客觀眾間的互動安排，彼此和諧搭配、串接成精彩故事。

活動包括在台上表演的主要活動以及在幕後支援的次要活動。從使用者角度來看，每個活動都同樣重要。

到華山參訪就好像去看一場表演，各個展演空間的演出固然令人讚賞，但對觀眾來說，影響滿意程度的項目還包括事前的購票、交通、導聆（導覽）、節目表，以及場地、座位、空間、茶水、廁所等，同樣都是關鍵活動。

華山的活動非常豐富，為了使其成為「創意江湖」而串接的各項互動安排，都算是活動的設計。

（五）行動者（actors）

在生態系統的運作過程，每個活動都由一（數）位行動者來扮演。演員未必相同，但都努力發揮專業，採用不同模式凸顯亮點來參與整體生態的運轉。

舉例而言，華山的行動者包含街頭藝人、展覽公司、店家品牌、市集攤商，也包括接受產品服務的使用者以及實際付費的顧客。唯有透過這些不同身分的行動者共生共創，才能讓生態系統有效地實踐軸心主張。

在華山生態系統中還有一個關鍵的行動者，那就是整合繁多活動與行動者的台文創公司，我們稱其「樞紐」（hub）。有關樞紐的角色和功能將在第肆章深入討論。

（六）心流／流動（Flow / flow）

心流／流動指生態系的不同族群間持續穩定的互動與交流，類似身體的血管與微血管串連著每個器官，只有血脈通暢身體才會健康。

在人文創新生態系，透過所有行動者的共同合作提供了精緻的服務與動人的體驗，讓觀眾感受完整的故事，這就是完美的價值創造。在這個過程，行動者與使用者間產生很強的共鳴與感動，此即「心流」。

心流理論（Flow）是由匈牙利裔美籍心理學家米哈里‧契克森（Mihály Csíkszentmihályi）提出，代表一種將個人精神力完全投注在某種活動

的感覺。當心流產生時，使用者與行動者會同時有高度的興奮感及充實感等正向情緒，有助於生態系統的健全發展。

除了心流，行動者間還會產生各種不同的流動，包括人流、資訊流、創意流、知識流等。這些非計畫性的自由流動可能促使彼此共同成長、觸發更豐富的創意。因此，各式各樣的流動越為綿密、細緻時，就越有助於生態系統的健全發展與繁衍。

三 人文創新的生態思維與基本特質

從上述案例可以學習到，「人文創新生態系」的浮現茁壯，需要翻轉策略邏輯，從個體組織的競爭求勝轉變為生態族群的共生思維。生態系的運作和傳統組織有很大的不同，除了掌握生態系組成的六項組成要素以外，還必須理解其間關鍵的不同點，才能具體落實生態思維。以下五項是生態系運作的基本準則，進一步分別加以說明之。

（一）自主共生

人文創新生態系的第一項基本原則是每個成員都是具有自主決策能力的「自（我）組織」，同時彼此生活在共同的「生態疆界」，從而形成平衡的共生關係。因此，首先需要瞭解何謂「自我組織」與「生態疆界」。

[1] 自我組織

自我組織（self-organizing）簡稱「自組織」，強調組織的每個團隊或

個人為了達到群體目標，皆會自發性地產生協調和行動，透過分割與授權賦予團隊或個人更大的自主決策空間。

自組織常存在於開放系統，在沒有外部來源引導或管理下會自行增加複雜性，是相對於科層體系成員的概念。科層組織的每個成員都受組織權威指揮系統的規範，行為決策必須符合整體組織目標，但事事等待上級的指示才有作為，易使整個組織對外界的反應能力減弱，無法生存於多變的經營環境。

生態系的每個個體原就具有自組織的特質，如何讓原本疏離的成員產生適度的協調與連結，但又不影響個體自主發揮應變與創新的空間，是生態系治理者需要思考的重點。

⑵ 生態疆界與族群共生

生態系統的概念源自於「生態學」（ecology），最早由英國植物學家亞瑟・克拉普漢姆（Arthur R. Clapham）提出，意指在某個特定環境相互作用的所有生物與此環境的統稱。[2]

此特定環境的非生物因子（如空氣、水及土壤等）與其間生物間具有交互作用，不斷地進行物質交換和能量傳遞，藉此由物質流和能量流的連接形成一個整體，即可稱其為生態系統或者生態系，其中特定環境中所擁有的非生物因子代表場域的能量，往往決定了生態的疆界。

2　生態系，**維基百科**。檢自 https://zh.wikipedia.org/wiki/%E7%94%9F%E6%80%81%E7%B3%BB%E7%BB%9F（民 111 年 3 月 15 日讀取）。

華山文創園區中的每個成員，無論台文創公司，或是各種不同的會、展、演、店和協作族群，彼此都是獨立自主的組織，但也都依附在「華山」這個園區而形成共生關係。

生態系統的範圍沒有固定大小，如一整個森林可能是一個生態系統，而一個小池塘也可能是。在南美亞馬遜河流域，有時一棵大樹可能就是生態系統，而大部分動物終生都離不開這棵樹。

人文創新生態系統也不例外。華山文創園區是人文創新生態系統，前述的「夢N」也是。在生態系統內，各種生物之間以及和環境間必須維持平衡關係，任何外來物種或物質侵入這個生態系統都會破壞平衡，而平衡被破壞後可能逐漸達到另一種平衡關係。但若生態系統的平衡被嚴重破壞，也可能造成永久失衡；維持彼此之間的平衡關係就是共生。

「共生」字面意義就是「共同」和「生活」，這是兩個生物體生活在一起的交互作用，甚至包含不相似生物體間的吞噬行為。術語「宿主」常被用來指稱共生關係中的較大成員，較小者則稱「共生體」。

共生依照位置可以分為「外共生」與「內共生」。就外共生而言，共生體生活在宿主的表面，包括消化道的內表面或是外分泌腺體的導管。而在內共生，共生體生活在宿主的細胞內、個體身體內或甚至細胞外都有可能。[3]

美國微生物學家琳‧瑪葛莉絲（Lynn Margulis）深信共生是生物演化

3　共生，**維基百科**。檢自 https://zh.wikipedia.org/wiki/%E5%85%B1%E7%94%9F（民111年3月15日讀取）。

的機制。她說：「大自然的本性就厭惡任何生物獨佔世界的現象，所以地球上絕對不會有單獨存在的生物。」[4] 而依共生關係的生物體利弊關係而言，共生又可以分成「寄生」（一種生物寄附於另種生物身體內部或表面）、「互利共生」（共生的生物體成員彼此都得到好處）、「競爭共生」（競爭雙方都受損）、「片利共生」（對其中一方生物體有益，卻對另一方沒有影響）、「偏害共生」（對其中一方生物體有害，對其他共生線成員則無影響）、「無關共生」（雙方都無益無損）等不同形式。顯而易見，互利共生對生態系的存在最為有利，類似實例在自然界隨地可見。例如，小丑魚居住在海葵的觸手之間，可以協助清潔海葵及趕走海葵的掠食者（如海星），反之，海葵有刺細胞的觸手可使小丑魚免於被掠食，小丑魚則會分泌黏液在身體表面保護自己不被海葵傷害。

　　在華山文創園區，各個會、展、演、店吸引服務的消費族群不同，卻又能形成彼此之間的連結關係，安排得宜自然有助於園區發展，這就是共生。

（二）互補共創

　　在人文創新過程，滿足每位使用者的個別異質需求是重要任務，也是佈建生態系重要的目的。要達到這樣的目的，就必須創造確保每個體系成員的異質性，彼此間維持彈性互補的效果、又要同時展現，才能讓整個生

4　共生──第三屆中國與葡語國家藝術年展，**全藝社**。檢自 https://afamacau.com/exhibition/419（民111年6月14日讀取）。

態系展現更大價值。因此，多樣性與同時性成為第二項準則的基本要件，以下進一步討論。

⑴ 多樣性

根據維基百科，「生物多樣性」（biodiversity）一詞是在1986年才提出，最初是針對所有植物、動物、真菌及微生物物種種類的清查。此後，生物多樣性的學術定義擴充到所有生態系的活生物體變異性，涵蓋了從基因、個體、物種、族群、群集、生態系到地景等各種不同層次的生命形式。[5]

另外，生態系的廣泛意義指各式各樣的生命相互依賴著複雜、緊密而脆弱的關係。生活在不同形式的人文及自然系統（也就是人和萬物），在地球的生物圈生生不息、共榮共存。

換言之，生物多樣性是指所有不同種類的生命，亦可解釋為單位面積內的生物物種數目，表示生物群集顯示的生態地位多樣化與基因變異。

生物多樣性可以維護生態平衡，被認定是人類與地球生態永續生存的關鍵因素，具有生態與經濟、科學與教育、文化、倫理與美學等價值。

因此，除了保護自然生態多樣性外，文化古蹟、城鎮中老舊房舍的保存都有重要意義。在人文創新生態系中，成員的多樣性其實是異質需求滿足多元創新的關鍵要素。

5　生物多樣性，**維基百科**。檢自 https://zh.m.wikipedia.org/zh-tw/%E7%94%9F%E7%89%A9%E5%A4%9A%E6%A8%A3%E6%80%A7（民111年3月15日讀取）。

② 同時性

除了異質多元外，由於使用者希望得到完整的產品或服務才能滿足需求，各個成員間形成的互補性還必須同時展現，就成為另一項重要課題。換言之，在佈建創新生態系時，必須周延地納入所有成員要素並完善部署，等到機緣俱足後再一次推出才容易成功。

隆・艾德納（Ron A. Adner）在專書《創新拼圖下一步》（*The Wide Lens: A New Strategy for Innovation*）曾提出米其林輪胎（Michelin）和本田汽車（Honda）合作推出安全輪胎失敗的案例，主因是兩家公司沒有考慮車主修車的便利性以及修車廠轉型的困難。如何能將汽車製造廠、安全輪胎公司、修車廠、修車技士與車主的生產與需求同時考量、同步行動，就成為生態創新的關鍵思維。簡而言之，創造生態成員的「同時性」是生態系創新生成的要件。

但「同時性」究是周延規劃的結果還是機緣巧合，學者有不同觀點。隨著數位時代的來臨，生態建構的觀點越來越受重視，清楚掌握生態系統的運作邏輯與相關成員，是生態系創新生成的關鍵。

在抽象層次，機緣巧合的同時性常在不同的領域提及。如佛學相信「因緣俱足」的說法，「因」是主觀的努力，「緣」是客觀的條件。兩者相輔相成，等到雙方條件都成熟了，事情就發生了。

瑞士心理學大師卡爾・榮格（Carl G. Jung）在1920年代曾經提出「共時性」（synchronicity）理論，也就是「有意義的巧合」，可用於解釋因果律無法解釋的現象，如夢境成真或想到某人、某人便出現（俗語常稱「說曹操，曹操就到」）等皆是。

　　榮格認為，這些表面上無因果關係的事件之間，其實有著非因果性、有意義的聯繫，常取決於人的主觀經驗。[6] 共時性是種巧合現象的論述，並不局限於心理領域，可以從「心靈母體內部」與「我們外在世界」甚或同時從這兩方面跨越進入意識狀態；當兩者同時發生，便可稱為「共時性」現象。

　　「混沌理論」（chaos theory）則是另一個重要的生態思維。其主導思想是，宇宙的運作是個系統，但這個系統對些微的變化有放大作用，宇宙某一部分似乎並無關聯的事件間的衝突，會給另一部分造成不可預測的後果，就好像英國倫敦的一隻蝴蝶搧了一下翅膀，日本東京可能隨之遭受颱風侵襲。

　　無論佛學的因緣俱足、榮格心理學的共時性，或是自然科學的混沌理論，都可幫助我們對人文創新生態系統的機緣與恆常有更多理解與想像。

（三）場域共振

　　人文創新生態系存在於具有特定人文地理環境條件的「場域」，而每個場域都有獨特運作法則，俗稱「潛規則」。

　　「場」原是物理學名詞，指以時空為變數的物理量，描述空間瀰漫的重力、電磁力等基本交互作用現象。

　　法國社會學家皮耶・布爾迪爾（Pierre Bourdieu）將這個概念用來描述社會現象並提出「場域理論」（field theory），認為世界是由諸多相對

6　共時性，**維基百科**。檢自 https://zh.wikipedia.org/wiki?curid=288426（民111年3月15日讀取）。

獨立的小世界構成，各有其自身邏輯性和必然的客觀關係性空間，場域就是指述這些不同的小世界。[7]

　　人的每個行動均受到行動發生時的場域所影響，而場域並非單指物理環境，也包括他人的行為以及與此相連的許多因素。因此，場域也可視為每個位置客觀關係所形成的網絡或形構，各有其客觀限定，但不能理解為被一定邊界物包圍的「領地」，也不等同於一般所稱的「領域」，而是在其中有內含力量的、有生氣的、有潛力的存在。

　　布爾迪爾研究過許多場域，如美學、法律、宗教、政治、文化、教育等，認為每個場域都以某一個市場為紐帶而可將象徵性商品的生產者與消費者聯結起來，如藝術這個場域就包括了畫家、藝術品購買商、批評家、博物館的管理者等。

　　人文創新生態系的存在常會依附在特定的人文自然地理條件，這些條件交互影響生態系的生存利基，與上述布爾迪爾描述的場域概念相似。

　　由於場域是由社會成員按照特定邏輯要求共同建設，是個體成員參與社會活動的主要場所，成員之間會出現三個典型特點，即**每個成員都是獨立但存在相對依賴性、成員間有一定的關係、彼此可能會產生競爭**。

　　另一方面，場域是客觀的關係系統，成員有知覺也有意識，因此場域系統會發展出獨特的「性情傾向」，此即布爾迪爾所稱的「慣習」（habitus）。慣習會成為持久的且可轉移的「稟性（disposition）系統」，

7　場域理論，**MBA 智庫百科**。檢自 https://wiki.mbalib.com/zh-tw/%E5%9C%BA%E5%9F%9F%E7%90%86%E8%AE%BA（民 111 年 3 月 15 日讀取）。

在潛意識層面發揮作用，包括個人的知識和對世界的理解皆屬之。

　　人文創新生態系的成員是有意識的自組織，透過主觀視角來與人文地理環境條件對話，同時透過彼此的連結賦予這些人、事、地、物、景更積極的意義與價值，進而促成整個生態系的風水流變，同時保留許多良好的基因（即前述慣習）。

　　在實務界，我們可以看到許多場域共振的有趣真實案例，如英國劍橋大學物理系的卡文迪許實驗室（Cavendish Laboratory），從1874年至1989年一共產生了29位諾貝爾獎得主[8]；花蓮縣鳳林鎮培育出許多士子，擔任校長的鳳林人高達一百多位，有「校長夢工廠」的美稱，都出現場域共振的現象，是人文創新生態系值得探究的典範。[9]

（四）共同演化

　　生態思維借鏡於自然生態系統。在自然界，個別物種在面對其生存環境時是非常渺小且無助。而在生物演進史，沒有任何物種能透過自身力量改變生存環境。因此，「生死有命，適者生存」是生態學的基本觀念，不但顯現生態系統的恆常性，也可以說明生態系各個成員出現的共生現象必然性。因此，人文創新生態系存在的第四項準則是共同演化，成員間彼此可以適應同形、產生群的智慧、創造綜效。

8　卡文迪許實驗室，**維基百科**。檢自https://zh.wikipedia.org/zh-tw/%E5%8D%A1%E6%96%87%E8%BF%AA%E8%AE%B8%E5%AE%9E%E9%AA%8C%E5%AE%A4（民111年3月15日讀取）。

9　鳳林校長夢工廠，**花蓮縣文化局**。檢自https://www.hccc.gov.tw/zh-tw/LocalCulturalHall/Detail/24（民111年3月15日讀取）。

⑴ 適應同形

生存在相同環境而彼此條件相類似的族群，在面臨相同環境限制與壓力時，自然會採取相似的生存手段，致使彼此形式趨於相同。

這種現象在企業組織同樣存在，一般學者將這種組織取向與環境契合的過程稱為「同形」（isomorphism），包括強制同形、模仿同形與規範同形，無論是那股力量都隱含了無法抗拒的生態恆常，對創新轉型當然不利。

要突破生態的恆常穩定以追求創新突破，必須在面對環境挑戰時採取適當回應。這些回應不會改變既有的生態邏輯，但能引入新的思維與元素，透過交流與對話帶動其他族群共同演化，積小改為大改、從量變到質變；因此，生態演化常需較長的時間，經營者需要有耐性。

⑵ 群的智慧

生態系統的特質在於成員都是自主獨立的個體（即前述的「自我組織」），彼此間沒有由上而下的整體計畫或是強而有力的權威領導關係，但整體族群為了有效適應環境和生存，仍可透過簡單方式相互協調。這種互動連結、調整適應的能力，就是人文創新生態系統的關鍵思維，我們稱其「群的智慧」。

在生物界，類似現象較為普遍，美國《國家地理雜誌》資深編輯彼得・米勒（Peter Miler）在其著作《群的智慧：向螞蟻、蜜蜂、飛鳥學習組織運作絕技》詳細分析了螞蟻、蜜蜂、飛鳥的群體行為，並歸納出自我組織的四項智群（smart swarm）守則，分別是：「團體的多元性」、「善

用知識的多元性」、「間接的協同合作」與「適應性的模仿」等。

「**團體的多元性**」指螞蟻能簡化處理事務，如利用費洛蒙濃度發現到達食物的最短路徑。

而「**善用知識的多元性**」可以蜜蜂為例，當蜂窩派出大量偵測蜂出外尋找築巢地點時，每隻蜂會由其主觀好惡對看過的地方作出滿意與否的評分，而當同一地點有越多蜜蜂作出喜愛動作就會立刻形成共識。

在蜂的組織中，女王蜂只是負責生育與精神領袖，整個蜂窩實由一群平凡的蜜蜂共同抉擇。如果組織成員越多元、組織越扁平，其決策應比科層組織更為出色。

白蟻則顯現「**間接的協同合作**」：當蟻窩受損，附近的白蟻基於本能就會立刻修補而無須等待上級發號施令。其他白蟻看到旁邊的白蟻工作也會加入支援效法，就在同伴效應下迅速開始修補工作；這就是所謂的授權以及橫向的加速溝通。

一群椋鳥能夠精準地調整空中隊形與移動方式，這種行為的關鍵即是「**適應性的模仿**」，指群體的每個個體都密切地相互注意並接收各種訊號以了解現有資訊與接下來的行動方向，對這些訊息的回應則會影響整體行為，然後回頭影響個體的行動。群體透過協調、溝通以及自動複製，快速地得到大量能量或資訊，繼而表現出井然有序的行為，彷彿具有集中意志一般。

在人文創新生態系，隨著節氣變化，各個地方場域常會衍生出不同的活動，生態系成員亦會自主聚集，依循節慶的主旨自主調整參與的角色，讓整個活動熱鬧圓滿，展現的就是「群的智慧」。在生態系的演化過程，

經營者除了耐心以外，體系間是否逐漸浮現上述四個功能，是重要的觀察
指標。

⑶ **創造綜效**

　　生態系統中各個成員會產生共同演化的現象，是因為彼此之間的協調
配合能產生綜效，創造更大價值。新經濟時代的公司，跨部門合作原是許
多企業策略的核心，共同演化更是重要的策略形成過程。但要做到部門間
彼此合作進而共同演化，其實非常困難，在生態系中的挑戰自然更大。

　　凱薩琳・艾森哈特（Kathleen M. Eisenhardt）和查爾斯・葛路尼克（D.
Charles Galunic）曾針對公司內部的共同演化進行研究。他們發現各部門
間要想透過共同演化產生綜效，必須掌握幾項基本原則，包括經常重新連
接部門間的合作關係、讓競爭與合作的界線模糊、管理連結數量並找出高
價值的合作關係，還要讓架構與流程的基礎非常穩固。這些原則都可以用
在生態系的佈建過程中，都應該要努力做到。

　　前引兩位作者認為共同演化是細微的策略過程，有點反直覺而行。也
就是說，雖然部門（成員）之間講求合作，卻是以有利於己部門的表現為
獎勵基礎，放任彼此間的競爭，不過度擔心效率問題，同時減少不必要的
形式合作，才能夠取得更多好處。

　　在生態系統思維下，經營策略應由事業部門主管主導，就是這種間接
思維讓共同演化的公司取得競爭優勢。在生態系統中，尊重每位成員的自
主性，堅持自組織原則，更是生態系存續茁壯的關鍵。

（五）流動創生

在人文創新生態系統，每位成員都是獨立個體，但要形成共生、共創、共同演化，成員之間仍須形成某種形式的連結關係。其形式與內涵可以多元，可能因不同個體而不同，但都重視直接互動交流，希望能將人流、心流、資訊流、創意流、知識流在彼此間通暢無礙。

當這些流動順暢時，就顯示整個生態系的產品服務的作業效率高、創新度強、滿意度高，生態資本日益厚實，而得以確保生態系成長茁壯。因此，成員間必須建立起良好的連通管道、促進流通。

這個現象在物理世界普遍可見，通稱為「連通管原理」（principle of connecting pipe）。底部相連的容器（此即「連通管」）注入液體後，液體由高處往低處流。又因每個水管口的壓力相等，當液面靜止時，液面必定在同一平面，與容器形狀、長度、粗細無關。

如何在人文創新生態系達成「連通」效果，值得進一步探究。數位資料平台、共同的語言、便捷的通道、相遇的場合、有溫度的互動和彼此之間的信任關係，都是促使生態系各個成員體彼此連通的重要因素。

綜合上述，人文創新生態系統可定義為：

「在人文永續經濟時代，出現了為數眾多的自主族群，為發揚人文精神、實踐共善社會，經由理念主張或文本故事的驅動，再結合許多活動共同創造價值，有機地形成共生體系。這些有機體系內常會浮現焦點團隊，形塑一個或數個多功平台，促成多邊夥伴彼此互動，並自主地調整結構與互聯關係，連通交流、共同演化，促使軸心的價值主張

自然浮現。」

上述定義猶可簡化為：

「從關懷出發，透過特定人文主張的引領及自我組織的過程，浮現一個功能互補、互動共創、要素流動、共同演化的生態系，滿足各異的使用者，自然繁衍創新亮點。」

肆

樞 紐

從不同的視角，承擔不同的任務，
打造世界不同的景象。

　　任何一個組織都需有核心成員或機能以連結其成員與活動，人文創新生態系也不例外，作者將其稱為「樞紐」（hub），是人文創新 H-EHA 模式第三個重要元素。

　　觀察實務案例會發現，每個生態系都存在一或數個重要成員扮演著「樞紐」角色，如同「輪軸」或「集線器」能透過運籌帷幄的功力，將車軸的中心形構與外圍部件連結起來。人文創新生態系統的樞紐，同理也連結參與活動的眾多獨立自主組織與個人。它善用數位科技平台與人際網絡，發揮加乘效果兼而倡導核心價值主張，藉此達到社會與經濟效益的平衡。

　　人文創新生態系面對多變的社會環境與多元消費需求時，因應人文取向的新價值系統，其創造價值的基本邏輯與傳統組織不盡相同，樞紐如何扮演適當角色，兼顧人文關懷、自身營運績效與整體生態體系的豐實，以促成人文創新的實現，是本章關心的課題所在。

　　本書作者認為，軸心樞紐扮演的角色與傳統的管理者職能不同，除了**倡議理念**外（第柒章會就此詳細加以說明），主要的角色是**生態系治理者、市場架構者、社群連結者、動能蓄積者**和**制度創建者**等，以下將分別討論之。

〔一〕軸心樞紐是生態系治理者

　　樞紐廠商開創生態系時，常是面對一個全新的情境，必須重新整理場域以佈建生態系統中的各項活動。因此，軸心樞紐的策略角色必須具有宏

觀的視野，關注整個生態系統並設定生態治理模式，而非單獨考量個別組織的生存成長策略而已。

以前章提及的華山文創園區為例，其樞紐廠商台文創公司必須整建舊有空間來創造獨特場景，同時邀請能滿足各類型消費者需求的特色廠商進駐策展、表演、開店，其經營邏輯首要之務就在整個華山文創生態系統的發展，而不只是台文創公司個別組織如何經營。

從華山文創園區案例中可以知道軸心廠商的策略作為，主要是完備生態系佈建所需的六大元素（即前述第參章的S3A2F），促使各要素自然互動並產生自主共生、價值共創、共同演化等運作特性。因此必須建立簡單易執行的規則與理念闡述以協調成員的步調，透過活動和行動者的適當部署共同創造客群的滿意度，同時設計連結機制以促進成員間的交流互動，進而共同產生新的創意。

（一）建立規則

根據多年的經營實踐，華山文創園區已如前述將生態系的活動佈建為會、展、演、店四種形式，從而設計各種不同合作方法將空間租借廠商。

為了使每項活動都能成為園區亮點，台文創公司制定了一套完整的守門機制，確保進駐廠商符合華山文創園區與台文創公司的軸心主張，同時每個參展進駐的團體都有一定期限、定期更新進駐廠商，讓遊客任何時候去參觀都有新鮮感。對於園區內每一個空間的使用也訂立基本規範，以確保各個活動間的一致性與協調性。

此外，台文創公司近年來亦積極利用自有活動進行策展以建立品牌，

像是前述已經舉辦六屆的「華文朗讀節」，就是藉由文字的能量轉換加值展演，透過不同作家與講者間的搭配互動，創造有關閱讀的話題，擴張行動者網絡，進而拓展到不同的活動平台，實現台文創公司成為文化創意中心「孵化器」的願景。

（二）連結共創

前述台文創公司及基金會利用華山場域的多樣性，帶來異業結盟與跨界創新的機會，打造思想與創意的交流平台，使創作者能被看見，致力推動台灣文化創意產業發展，也增加園區活動的豐富性。

過去多年連結的組織與活動包括華文朗讀節、文化永續·創新實踐、華山文創沙龍、台德文學交流合作計畫等。透過活動連結促進不同領域的對話與激盪，共同創造新的價值。又如2018年啟動的華山文旅學和共伴計畫，透過舉辦有系統的地方系列講座、活動策展等，邀請推動地方創生的夥伴們來到華山分享，同時將華山的經驗置入其中，協助媒合地方所需資源、共同解決地方問題，更是連結共創的好案例。

［二］軸心樞紐是市場架構者

為了促成生態系各個成員交流互動，軸心樞紐的第二個重要職能就是建構一個有效率的市場讓供需雙方可以完成交換目的，同時讓交易成本（包括事前搜尋、事中議價、事後品質監控）得到有效處理。

（一）架構市場

一般而言，架構市場可以從以下幾個面向來加以理解：

1. **市場即場域，也就是俗稱的「市集」，其關鍵在便利、足量（人氣）與購買動機（熱鬧但不壅塞）。** 因此，市集地點會尋找供需雙方皆可「同時」抵達的時間、地點，再透過倡議、節慶等各類活動創造現場氣氛，吸引各方參與互動並促成交易。由於網路科技的快速發展，數位平台已經成為市場交換的重要場域。數位平台將市集範圍無限擴大，但其運作邏輯並無不同（友善介面、數位行銷），其中因為顧客足量帶來的雙邊網路效應顯得更加重要而關鍵。

2. **市場有供需雙方，而供需族群的異質是市場存在的基本條件。** 覺察（創造）異質需求與多元供給（比較利益、閒置資源）才能創造市場價值。因此，分別「尋得」並「連結」異質的供給者與需求者非常重要。為了滿足使用者的需求異質，常會廣泛邀請（或主動依附）不同行動者（供給者）參與，並提供使用過程必要的互補品以提高整體價值。在數位時代，流量帶來的大數據可以監控、保存、對比、分析，再結合互聯網路產生即時互動，使得供需雙方都能更清楚的掌握現況，還可以隨時有效連結。其中，餘裕資源的釋放賦能，尤應成為價值創造的重要來源。

3. **市場的核心功能在配對（媒合）。** 為了提高媒合效率，傳統市場會設定適當的交易單位（如貨幣）和各種拍賣制度，以簡化媒合的複雜度，這些課題同樣出現在數位平台。而在數位時代，透過演算法

得以評量金錢以外的指標（如個人偏好、社會價值等），同時參酌
買賣雙方交易紀錄以能更有效地推薦；這是平台媒合的成功關鍵。

4 **市場（平台）的終極目標在能持續成交，因此需要確保交易公正。**
交易頻次、價格微調（演化適應）、自由選擇權、溫暖的互動（社
群）、交易經驗的保留與透明，都是實務常見的重要做法，也讓數
位科技有更大的發揮。從寬廣角度思考，未來市場的參與者（公私
部門）眾多，利益思考點不同，如何兼顧各個利益關係人，創新設
計價值整合統治機制（經濟與法治制度），是市場永續運作成交的
重要挑戰。

（二）連結餘裕資源

　　在人文創新生態系中，軸心樞紐如能精心設計一個連結擁有餘裕資源
的市場架構，以媒合不同參與者，就會產生重大影響力。前面我們說明了
市場建構的基本原則，以下透過實例進一步加以說明之。

⬚ 偏鄉教育平台

　　「**為台灣而教**」（Teaching for Taiwan，簡稱 TFT）定期招募跨領域
人才到有需求的地區擔任教師，在兩年服務期間，TFT 會提供志工教師近
500 小時的專業培訓課程時間，包括：五週的行前集訓、學校配對、個別
化的督導面談等。結訓後則在第一線耕耘，學習並與在地社區協力，為孩
子創造平等優質的教育環境。這個平台讓偏鄉社區得到優質教師，也為志
工夥伴的未來職涯累積了許多可以創造改變的能力與視野。

另一方面，TFT透過持續訪校與評估，邀請有需求的學校提出申請以增加合作據點。目前主要服務學校類型包括：（1）「非山非市」學校：指設在都市邊緣且屬逐漸沒落的農村與漁村學校；（2）部落學校：地處偏遠部落的原住民學校；以及（3）實驗學校：「實驗三法」通過後針對弱勢地區孩子創辦之新型態學校。

TFT至今已經錄取並培訓120名教師在五縣市的49所偏鄉小學服務，為超過3,600位弱勢學童開啟新的學習模式與內容。透過TFT的作為，連結了有志於教育的年輕夥伴與急需教師的偏鄉學校，稱職地扮演了「市場架構者」的角色。

同樣也是針對教育領域，「**鹿樂平台**」則以媒合偏鄉小學與各類社會資源提供者為主，如：退休教師、青年創業家與基金會／企業等，提供連結教育與資源間的平台服務。

② IMPCT Coffee

前章提及的**IMPCT Coffee**則是另一個很好的例子。2015 年，四位政治大學 IMBA 研究生，包括來自宏都拉斯的 Juan Diego Prudot（簡稱 J. D.）與薩爾瓦多的 Andres Escobar，協同具有財務專業背景的加拿大籍 Taylor John Scobbie，以及善於溝通的台灣學生陳安穠，一同組隊參加有「商學界諾貝爾獎」之稱的「霍特獎全球提案競賽」[1]，成功打敗全球兩

1　盧諭緯（民109年5月31日）。教育新創20+，喝一杯恩沛的咖啡，就能幫助弱勢社區蓋一所學校！**翻轉教育**。檢自 https://flipedu.parenting.com.tw/article/005928（民110年8月27日讀取）。

萬多個隊伍奪得冠軍以及 100 萬美元（約台幣 3 千萬）的創業基金，成為該獎創辦以來首支贏得冠軍的台灣團隊。

J. D.受訪時曾經說明他們的創業動機：「來唸 IMBA 的學生無非抱著想找更好工作、更高薪水的想法。但我們多了另一項動機，因為我們比其他人幸運，拿到中華民國外交部設立的『國際合作發展基金會』外籍生獎學金，可以接受更高等教育，包括我爸媽都鼓勵我要回饋所學、幫助別人，讓更多人可以享有我所擁有的機會。」[2]

在決定參加比賽後，他們開始思考提案方向。那年的霍特獎主題是「幼兒教育」，但對大多數單身、未婚的學生來說，這個主題有些難以掌握。

Escobar 從小生活在貧富差距懸殊且治安極差的薩爾瓦多，在那裡五個孩童裡就有一位生活在極度貧窮的社區，每日的家戶平均所得不及新台幣53元，這是一餐可能就超過53元的台灣人難以想像的情景。

此外，該國偏鄉許多勞力密集的工廠有高達七成的女工是單親媽媽，因必須工作而無法全力照料孩子，收入低更導致孩子錯失學前教育的機會。[3]

由此出發，J. D.四人決定以「為貧困國家孩童蓋學校」為題參加提案

2　曾蘭淑（民107年10月）。用夢想改變世界，IMPCT咖啡，**台灣光華雜誌**。檢自 https://www.taiwan-panorama.com/Articles/Details?Guid=9a2d3f85-6f88-453e-8d91-0912cb954356（民110年9月3日讀取）。

3　喝咖啡不只可提神，還能助貧困地區蓋學校！ IMPCT Coffee用咖啡改善貧童未來，**社企流**。檢自 https://www.seinsights.asia/article/3290/3268/6272（民110年8月27日讀取）。

競賽，但要如何提出可以永續營運的模式，仍讓他們頭痛不已。

　　位於中美洲北部的薩爾瓦多，全盛時期曾是世界第四大咖啡產國，但內戰數十年幾乎拖垮咖啡業，所幸近年戰亂停止，咖啡業逐漸恢復生機。[4] 內戰期間農民們多任由良田荒蕪，承平後許多人仍採傳統的遮樹蔭方式栽植，經濟產出不高。除了薩爾瓦多，其他眾多咖啡生產國也有著同樣的經濟與教育困境，如何尋找出路，是許多國家面臨的共同課題。

　　咖啡種植是個勞力密集與成本昂貴的產業，起因是咖啡豆的採摘常需耗費大量人力。為了維持咖啡品質，每顆咖啡果實都須在成熟時刻採摘，還未成熟的果實會留在樹上待數週成熟後，再由採摘工人回到莊園採收；這個程序一直重複，直到咖啡樹沒有採收的價值。[5]

　　為了能每日往返咖啡園，大部分工人選擇住在附近。若改用機器一氣呵成地大規模採收，雖然耗費人力少，但收成的咖啡果實會因熟度不平均而降低品質與出售價格。因此，由人工每日入園選擇採收成熟的果實，迄今依然是收成咖啡的主要方法，人力投入時間很長。

　　為了降低成本，莊園主與農場主人一般只願支付最低工資給工人。在薩爾瓦多的出口咖啡加工中心，女工們每天連續工作 8 小時，連中間的休息時間都沒有，卻只能入帳新台幣 30 多元。

4　認識中美洲咖啡，**台灣咖啡協會**。檢自 https://www.taiwancoffee.org/SpecialR_3.asp（民 110 年 8 月 27 日讀取）。

5　咖啡的收成方法，**成真咖啡**。檢自 https://www.cometrue-coffee.com/blog/coffee-harvest（民 110 年 8 月 27 日讀取）。

咖啡越來越貴，咖啡農卻越來越窮。

大多數咖啡生產國都是貧窮的農業國家。小咖啡農在沒有技術、精緻設備、行銷管道的情況下，只能等待擁有大型處理廠或掌握出口權的大盤商收購，其收購價格往往與咖啡農的生產成本不成比例。倘若不賣給大盤商，小咖啡農根本沒有其他銷售管道。[6]

咖啡豆收成好時，工人有望以一公斤0.6美元（約新台幣17元）的價格售出，而一公斤的咖啡豆約可沖泡80杯咖啡，在美國星巴克竟可以賣到230美元（約新台幣6,450元）。[7]為生計苦苦掙扎的農民對照一擲千金搶佔咖啡市場的大型企業，兩者差異極其諷刺。

在薩爾瓦多、宏都拉斯等咖啡生產國，許多孩子的父母因為須在咖啡園工作，以致一天外出工作超過12小時，微薄的收入讓家庭無法提供孩子接受教育的機會，工作繁忙時還得到處尋找願意協助照顧孩子的人家，更增加了一筆托育支出。

在決定以「為貧困國家孩童蓋學校」為題進行提案後，J. D.等四人成立了「IMPCT Coffee」團隊，分別探訪薩爾瓦多、衣索比亞、瓜地馬拉等國的貧民窟，發現當地的咖啡莊園都面臨著婦女工作權和孩童受教權的問題。

6　唐誠（民105年2月6日）。與其喝下商業咖啡中的「走味」與「剝削」，我們其實有除了星巴克之外更好的選擇，**The News Lens關鍵評論網**。檢自 https://www.thenewslens.com/article/35979（民110年8月27日讀取）。

7　吳東傑（民97年5月9日）。不公平的咖啡，**苦勞網**。檢自 https://www.coolloud.org.tw/node/20283（民110年8月27日讀取）。

　　這個發現讓他們最終將目光鎖定在咖啡園附近的社區。首先，透過募資在薩爾瓦多的咖啡莊園附近建設第一間「Playcare（玩安）幼兒園」[8]，除讓孩子有機會讀書外，也讓原本在家帶孩子的家庭婦女可以到一旁的咖啡園工作賺取收入。

　　考量募資不是長久之計，團隊於是另闢金流，選擇直接向雇用婦女工作的咖啡園購買種植的咖啡豆，而後進口至台灣烘焙與販售，所得利潤的25%用於提升當地幼兒園的硬體設備，或是再至其他貧困咖啡生產地建設幼兒園，為更多學童創造教育機會。

　　從此，婦女種植咖啡豆不用受到中間商剝削可以成功地提高家庭經濟收入，同時販賣出去的咖啡豆也可透過IMPCT Coffee的幼稚園回饋到自己孩子身上，形成自給自足的商業循環模式。

　　在偏鄉蓋一所學校，等於是貸款給這間學校的經營者，由其提供教育機會，經營者因日後仍需償還借款而會認真辦學。陳安穠認為：「他們要還款就要不斷招生，吸引學生們接受教育。若招生順利，便需聘請更多工作人員，可以製造更多工作機會。」[9]

　　這個安排可說是一箭三雕，建立學校、提供工作和教育機會、協助社區找回自立自足的能力，三者共同協作終能達到永續經營的目標。

8　施靜沂（民105年10月21日）。一杯咖啡，一間學校／專訪IMPCT國際社企團隊，**NPOst公益交流站**。檢自https://npost.tw/archives/29087（民110年8月27日讀取）。

9　IMPCT Coffee：購一杯咖啡，買一份祝福，送愛到世界的彼方，**91 APP**。檢自https://www.91app.com/blog/showcase/impct-coffee/（民110年8月27日讀取）。

　　如今 IMPCT Coffee 在瓜地馬拉、薩爾瓦多、南非、宏都拉斯等地共蓋了九間幼兒園[10]，在低收入社區投資超過新台幣 1,100 萬，也在城市周遭的貧民窟設立多所社區型幼兒園。

　　陳安穩在接受輔仁大學新聞傳播系教學實驗媒體《生命力新聞》採訪時便提及：「在薩爾瓦多的貧民窟，隔著一條高速公路就是非常繁榮的地區，兩者宛如兩個世界。」[11] 他們希望提供這些幼兒園後，可以盡量縮短都市繁華地帶與貧民窟的資源落差。

　　在此同時，IMPCT Coffee 還看到不同於以往的另個消費趨勢：「千禧世代更重視產品背後的意義」[12]，因此他們在台北、紐約、首爾等各國大都市直接設置咖啡零售點，賣咖啡之餘更向大眾宣傳 IMPCT 的核心理念。

消費者能為幼兒園「添磚加瓦」，成為改變當地兒童未來的推手。

　　IMPCT Coffee 咖啡豆禮盒的外型設計與磚塊相似，呼應了「堆砌未來」的精神。每盒咖啡都有一張序號紙，消費者可以到 IMPCT Coffee 官網選擇「放置你的磚塊」並輸入序號。當幼兒園開始興建時，IMPCT

---

10 臉書粉絲專頁貼文 IMPCT Coffee，**臉書**。檢自 https://www.facebook.com/impctcoffee/?ref=page_internal（民 110 年 8 月 27 日讀取）。

11 張璦、陳葳倫（民 108 年 4 月 25 日）。堆砌未來的咖啡，IMPCT 翻轉貧童教育，**生命力新聞**。檢自 https://vita.tw/%E5%A0%86%E7%A0%8C%E6%9C%AA%E4%BE%86%E7%9A%84%E5%92%96%E5%95%A1-

12 郭潔鈴（民 108 年 11 月 4 日）。使命型企業如何邁向規模化？解析放大影響力的 3 大路徑，**社企流**。檢自 https://www.seinsights.asia/article/3291/3268/6646（民 110 年 8 月 27 日讀取）。

Coffee便會向消費者回報發展動態，一方面讓消費者共同關注幼兒園的建置情形，另也貫徹資金流動的透明化。[13]

「impact」之英文原意為「產生影響」，而IMPCT團隊命名時刻意少了一個字母"A"，意味著影響力的發揮還缺少「A person」一人，藉此力邀每個人共同加入這個有意義的任務。

由於以投資方式培力當地社區，資金通常需要等待二至三年後才能回流。IMPCT Coffee營運長傅聖潔觀察，國際上的創業思維不是先想著賺錢，而是如何將現有資源最大效益化，之後再來思考如何回收資金。

為了維持公司運作，團隊決定開創其他商業模式以創造金流。2018年，團隊瞄準「企業社會責任（CSR）支出比例增加」的趨勢，開始接觸企業客戶，嘗試吸引股本達50億以上的企業，將其辦公室茶水間的咖啡替換成IMPCT Coffee，同時提供企業 CSR 的具體影響力數據，目前已有名列全球四大會計師事務所的KPMG安侯建業與悠遊卡公司、台北101 分別採購IMPCT Coffee「影響力貿易」咖啡。[14]

隨著新冠疫情肆虐，IMPCT Coffee 在2020年開創了全新的「B2B2C（Business to Business to Consumer）」服務模式。由於產品開發需要消耗大量資金，而實體咖啡店也是一大成本，團隊決定轉向電商平台方向發展以讓更多人可以加入「影響力貿易」。

---

13 喝咖啡不只可提神，還能助貧困地區蓋學校！IMPCT Coffee用咖啡改善貧童未來，**社企流**。檢自 https://www.seinsights.asia/article/3290/3268/6272（民110年8月27日讀取）。

14 曾令懷（民109年7月15日）。「一杯咖啡」助非洲蓋「一間學校」！IMPCT創造影響力貿易，用消費改變世界，**Meet創業小聚**。檢自 https://meet.bnext.com.tw/articles/view/46657?（民110年8月27日讀取）。

如今 IMPCT Coffee 不僅發展為可自主營利的社會企業，更是「教育投資平台」，其營運並不倚賴大企業捐款而是立基於人人出資、「你我都是學校創辦人」的概念。

秉持改善貧困地區兒童教育困境的願景，IMPCT Coffee 開創了「影響力貿易」的全新商業模式：從貧窮國家進口咖啡豆來台灣製作再銷售到全世界，賺取利潤後再回饋到當地蓋設幼兒園，讓消費者手中一杯杯的咖啡化為改變世界的力量。其成功關鍵就在於架構了有效率的交換機制，讓所有餘裕的資源都能得到充分運用，也同時獲得合理回報，這就是完美的人文市場架構。

〔三〕 軸心樞紐是社群連結者

從「交換場域」的角度來看，軸心樞紐是人群與資訊匯集、發生交易或是交換並產生連結之處，如城市、市場、學校等皆是，透過人們聚集在一起社交對話，就可能形成社群、進一步建構正式組織，透過分工合作達成個人不可能達成的目標。因此，負責任的軸心樞紐經營者必須提高成員間的連結度與信任感，孕育創造更有意義的互動形式，從而產生更有影響力的合作模式。

從實務案例可以看到，很多新創公司的成功都在其能有效地經營社群，如 Etsy 公司[15]就是很好的例子。

---

15 參見政大科管智財所未出版個案〈Etsy——雲端手工藝術市集〉。

Etsy是網路商店平台，以手工藝成品買賣為主要特色，曾被《紐約時報》拿來與eBay、Amazon著名網路平台相提並論，而被譽為「祖母的地下室收藏」。2015年Etsy上市時，公司擁有140萬活躍賣家以及約2,000萬個買家，每年商品銷售總額達到20億美元。

Etsy平台的手工藝品展現了設計者的精神、故事與文化，創作背景注入女權興起的世代精神。在Etsy網站，買家可以找到各種具有個人色彩與意義的手工藝設計品，也可透過Etsy建立的社群網絡來與其他愛好者交流。賣家則可深入藝術設計者的活動圈，並打造同好者的手工藝設計社團，亦可與買家互動、溝通表達自我設計的風格，甚而找到藝術同溫層；這些優勢讓Etsy成為專屬手工藝愛好者的線上平台。

在發展之初，Etsy選擇先行吸引賣家進入平台，然後再以豐富多樣的手工藝品吸引消費者，為此還特別設計了很多社群功能來滿足賣家需求，包括：

- Forum（論壇）：可以讓賣家交流想法的地方，前期有些女權主義的討論，後期則偏向賣家間交流商品設計或經營想法的討論；
- Teams（社團功能）：有相同背景或技術的賣家可以緊密且保有隱私的討論空間；
- Event（活動）：舉辦實體活動讓買家可以和手工藝者實際互動；
- Blog（部落格）：定期介紹一些賣家的故事或是產品設計靈感的文章給消費者閱讀，以激起其對手工藝作品產生共鳴，並以 Etsy 為媒介來支持這些創作者；

・Seller Handbook（賣家手冊）：很多手工藝者具有藝術家性格而缺少商業背景，對如何經營網店沒有太多經驗，此一社群就成為「教導」賣家的管道。

　　上述 Etsy 提供的各項功能類似前述「去疆界」與「去中心化」的手工藝者社群平台，社群中有累積多年的討論主題，內容小至商品製作、開店訣竅，大至社會議題、人文、文化都有，每個用戶都能在此交換資訊、累積能量。

　　這些社群帶來的好處不單只對手工藝者，也正向影響了 Etsy 與平台買家，而社群的深化不但讓 Etsy 越來越為強大且不易取代，更讓 Etsy 能以網紅賣家快閃實體店的方式讓更多人認識。Etsy 也提供買家「追蹤賣家」的功能，讓其可以觀察有相同喜好的其他賣家或追蹤其他可能喜歡的賣家，增加買家下單消費的動力。總體而言，這些社群功能不但吸引賣家進入，也加深他們對 Etsy 的黏著度。

　　Etsy 在 2005 年是以網頁商店起家，而在 2013 年時收購了 Lascaux Co.，因而完備了 App 的使用者體驗，逐步累積成為現今的龐大規模。

　　2014 年起，Etsy 以快閃店的方式踏入實體經濟，定期舉辦手工藝品嘉年華會，展現另種形式的社群活動，也意味著手工藝品電商與一般電商本質不同：手工藝品有著獨特的觸摸體驗、交流對話和情感訴求等特性，與強調大量製造、競價的一般電子商務有顯著差異。因此可以推測，手工藝品電商不會取代實體手工藝品嘉年華會的舉辦，而是與其互惠共存。

〔四〕 軸心樞紐是動能蓄積者

樞紐廠商在人文創新生態系擔任關鍵角色，除了生態治理、市場建構、社群連結等功能以外，還是生態系所有成員的「交流互動中心」，透過樞紐的連結成員產生互動，樞紐自然也成為生態系每個成員的情報與資訊儲存及交換中心。

隨著網路科技的突破性發展，樞紐在生態系扮演的平台角色功能更形擴大，不只促成交換，也不只是人際連結點，而是蘊含大量資料與豐富資訊的數位平台。

數位平台已經成為現代文明生活不可或缺的工具，樞紐一旦有了數位平台加持就可產生更大能量，創新生態系的成員彼此也能創造更多互動機會，且在互動過程產生許多交換數據。這些資料不需運用額外的資源建置，在科技工具協助下很容易就可大量保存，因此可將資料視為樞紐廠商的秘密武器。

在前面提及的個案如 Airbnb、TED、均一數位教育平台、Facebook、Amazon、Ubike 等都已是重要資料中心，這些數據／資料如能進一步分析就可發現更多營利機會。

許多生態系參與者都企圖從這些資料取得潛在的價值與洞見，這也是促成其加入平台互動的關鍵動機。而獲取和使用這些平台數據資料的機會與權利，也會影響成員在創新生態系統的網路位置與競爭力，對生態系的樞紐廠商尤具策略意義。

（一）資料能創造價值

　　進一步而言，資料能創造價值。未經處理的原始紀錄缺乏組織及分類，無法明確表達事物代表的意義，常稱其「資料」。[16] 若能轉換、分析資料則可形成「資訊」（information），是了解事件訊息意義、反映事物形成、關係和差別的重要來源。[17] 由此可知，「資料」必須轉換成有助於降低決策風險、帶來洞見的「資訊」，才能為組織帶來價值。

　　近代的熱門相關名詞「大數據」（big data，又稱「巨量資料」），是於2010年開始受到注目。顧名思義，其指大量資料，而當資料量龐大到資料庫系統無法在合理時間儲存、運算、處理、分析成能解讀的資訊時，就稱為大數據。[18]

　　一般而言，大數據具有四大特性（簡稱4Vs），包括：資料量（Volume）很「大」、資料傳輸速度（Velocity）很「快」、資料類型（Variety）很「雜」，以及真實性（Veracity）往往需要存「疑」。[19]

　　然而，這些巨量資料隱藏著許多珍貴資訊，像是相關性、因果關係、發展趨勢等，需要以全新處理方式加以挖掘，以形成更好的決策模式與洞見。

---

16 資料，**維基百科**。檢自 https://zh.wikipedia.org/zh-tw/%E6%95%B0%E6%8D%AE（民108年5月18日讀取）。

17 資訊，**維基百科**。檢自 https://zh.wikipedia.org/wiki/%E4%BF%A1%E6%81%AF（民108年5月18日讀取）。

18 巨量資料的時代，用「大、快、雜、疑」四字箴言帶你認識大數據，**INSIDE**。檢自 https://www.inside.com.tw/article/4356-big-data-1-origin-and-4vs（民108年5月18日讀取）。

19 大數據到底是什麼意思？事實上，它是一種精神！**INSIDE**。檢自 https://www.inside.com.tw/feature/ai/9745-big-data（民108年5月18日讀取）。

　　資料、資訊與大數據三者業已成為現代企業競爭發展的關鍵核心資源，Google、Facebook 和 Amazon 三家公司都在其營運內容廣泛運用此一資源並持續擴充。

　　Google 搜尋引擎本就採用了非常複雜的演算法，當用戶查詢相關訊息時，就可與所有可得數據匹配形成「網頁排名」（page rank）以提高搜尋正確率，而後續發展的各項工具如關鍵字廣告、翻譯、趨勢分析等，亦都以其大數據資料庫為基礎。[20]

　　Facebook 則以用戶為資料獲取基礎，從客戶的好友名單、訊息照片等使用軌跡蒐集了大量數據，如此即可對客戶的喜好有了細緻入微的瞭解，可以進一步向任何企業出售精準廣告。

　　Amazon 已是全球最大電商公司，同時也是全球最大由數據驅動的公司，利用大數據形成其推薦引擎。它將客戶瀏覽和購買的商品與世界其他地區消費者的購買行為對比，從而描繪客戶的購買圖像以推薦符合需求的產品。

　　從資料內容來看，上述三大企業透過網路雲端搜集到的資訊，其最大意義與價值就是透過系統性地取得監督軌跡，再藉著資料採礦等分析技術進一步轉換為有效的使用者需求圖像。

　　在實務領域存在著各式各樣的消費者樣態與產品需求，若無法明確描

---

20 【大數據科普文】Google、Facebook 和亞馬遜如何運用用戶數據資料？，**TechOrange 科技報橘**。檢自 https://buzzorange.com/techorange/2017/08/18/how-google-amazon-facebook-use-our-data/（民 108 年 5 月 18 日讀取）。

繪具體的使用者特徵以規劃執行精準的經營策略與行銷手法，則易產生事倍功半之疑慮。

（二）資料蒐集須深化

　　《顧客共創行銷》（池田紀行／山崎晴生，2014）一書提到，日本調查業界廣泛地使用「人物誌」手法，徹底從顧客角度掌握其需求，開發並也發現具有象徵性的顧客形象，明確知道對組織而言最該重視的顧客以期掌握其心理，提高行銷精準度。

　　而以往的調查方法多採購買數據、問卷調查、深度訪談等模式，再以共通型態為分類基礎以描繪顧客模型。近年來，隨著線上工具的發展，已促使許多組織利用線上社群為其調查管道。

　　「市場調查網路社群」（market research online community）就是在一定期間內進行網路交流以探求直覺力的模式，或集合對特定品牌或服務有高度興趣的參加者建立大規模線上社群，強調傾聽（listening）、對話（talking）、活化（energizing）、支援（supporting）與統合（embracing）消費者資訊，共同創造對未來有意義與價值的發展藍圖，進一步強化了數據資料的價值。

　　隨著數據帶來的力量已被廣泛認知，「區塊鏈」（blockchain）是由許多「區段」組成，相關技術與討論也成為新顯學。根據維基百科，區塊鏈是藉由密碼串接並保護內容的串連交易紀錄。每個區段包含了前個區段的加密雜湊、相應時間戳記以及交易資料，這樣的設計使得區段內容具有難以篡改的特性。用區塊鏈串接的分散式帳本，能讓兩方有效記錄交易且

可永久查驗此交易。[21]

　　區塊鏈生態系統在全球不斷進化，「輕所有權、重使用權」的資產代幣化共用經濟正在形成。人們目前正在利用這一共用價值體系在各行各業開發「去中心化電腦程式」（decentralized applications，或dApps），並在全球各地構建「去中心化自主組織」（decentralized autonomous organization, DAO）與「去中心化自主社群」（decentralized autonomous society, DAS）。

　　區塊鏈的相關應用不斷擴展，也是關心人文創新生態系統的朋友可以特別留意的課題。如創立南投竹山「小鎮文創」的何培鈞，即曾運用區塊鏈概念在竹山鎮發行社區代幣「光幣」，藉此串連其他地方的創生體系。[22]

　　這個系統除了用於行動支付外，更能有效記錄在地產銷歷程，消費者透過App便可清楚明瞭每樣產品背後的原料故事與意義，也能直接了解花下去的光幣對當地產生了什麼實際影響，如多少錢支付農民、多少錢支付商家，更能由此取信於提供資源的贊助廠商，進一步改善當地的經濟、生態與文化系統。

　　藉由上述各項新興網路科技工具的討論，我們應能從中體會資料與資訊對人文創新生態系發展的重要性。而樞紐廠商若能洞見其中奧妙，進一

---

21 區塊鏈，**維基百科**。檢自https://zh.wikipedia.org/wiki/%E5%8C%BA%E5%9D%97%E9%93%BE （民108年5月19日讀取）。

22 李頂立（民108年1月14日）。虛擬貨幣夯！竹山推「光幣」振興小鎮觀光，**TVBS新聞網**。檢自https://news.tvbs.com.tw/life/1065567（民108年5月19日讀取）。

步發展網路與實體整合的平台功能，將為其角色帶來更豐富的附加價值。

〔五〕軸心樞紐是制度創建者

軸心樞紐在整個人文創新生態系還演繹著「制度創建者」的角色與功能。「制度創建」（institutional entrepreneurship）的相關討論近來頗受矚目，乃因生態系的演化驅動力並非只來自科技突破，同時也來自於整體制度變遷與意義建構的過程，制度創建因此成為重要觀察指標。

制度創建是行為者（即制度創建者）在制度變遷過程中，運用自身的能動性，執行可以對制度變遷產生影響的功能、引導資源重新分配，達到改變的目的。也就是，「對特定制度安排感興趣，並利用資源創建新制度或改造現有制度的行為者的活動」（Maguire, et al., 2004）。

制度創建過程包括三個相互獨立但又相互聯繫、彼此相互作用的要素，即行為者（actor）、行為（action）與意義（meaning）。意義將行為者與行為聯繫起來，是吸引行為者行為的要素；在這種情況下，行為者與行為是由特定的意義來管理。有時候，行為者亦可以透過解釋行為的選擇，注入具有意義的行為；而在此情況下，行為則是由行為者來管理。制度創建者需要有效掌握這三個要素之間的互動，以實踐制度創建的目的。

另一方面，制度是由社會結構、程序慣習與場域文化三者共同組成，而人是其主體。一旦意義被社會化，行為者就會將其理解為制度化的實踐與結構的改變，從而賦予其合法性。而行為者的變化也會導致意義的變化，因此行為者其實是制度意義的載體（Zilber, 2002）。

　　簡言之，制度創建者就是一位引發不同變化的變革推動者，他努力打破某一活動領域的制度現狀，從而可能有助於改造現有制度或創建新制度（Battilana, et al., 2009）；這是人文創新生態系中樞紐廠商的重要責任。行為者初始參與制度創建過程時難以確定其最終目的，然而無論其最初是否打算改變制度環境，只要發起並參與制度變革，不論社會變革成功與否，也不論行為者中途是否退出，都可視為制度創建者。

　　實務上，這種改變需要在某個組織範圍或更廣泛的制度背景下才有可能產生。因此，行為者需要努力嵌入現有制度中伺機而動。而在制度變遷過程，行為者的行動力會加速社會變革，但是整體的社會變革則仍需透過集體行為模式才能完成。

　　前述「TFT為台灣而教」便是典型的制度創建案例。在台灣，偏鄉教育資源匱乏已非新聞。兒福聯盟「2016年台灣學童城鄉差距調查報告」發現，偏鄉弱勢學童的教育資源不足比例高達71.5%，與優勢學童相差16倍以上。[23]

　　而造成城鄉落差的重要原因是「偏鄉教師嚴重不足、師資良莠不齊、流動率高」，偏鄉教育環境最缺乏的並非網路、行動載具、教具等教學工具，反而是願意長期留在偏鄉耕耘的老師以及足以引發學生學習興趣的教學內容。偏鄉教育最需要的不是來訪幾天的營隊，而是能長期在偏鄉陪伴孩子的老師。

---

23 台灣偏鄉學童的教育問題，**環宇國際文化教育基金會**。檢自 https://icef.org.tw/2018/10/05/%e5%8f%b0%e7%81%a3%e5%81%8f%e9%84%89%e5%ad%b8%e7%ab%a5%e7%9a%84%e6%95%99e8%82%b2%e5%95%8f%e9%a1%8c/（民108年5月20日讀取）。

　　因此，除了降低教師行政工作量、給予更大空間規劃班級經營方針以能在體制內調整政策提高教師留在偏鄉的意願外，TFT也在體制外號召各領域的人才到偏鄉擔任兩年教師並與當地社區串連，為弱勢學童開啟改變創造的契機。

　　TFT老師並非正式教師，需要透過學校開缺去考代理／代課教師，因此TFT會先跟學校確認開缺再讓TFT組織內的適合者應考。寒暑假期間TFT招聘的教師也得進修，平時則有督導以確保其教學品質。而各校樂與TFT合作，主因是TFT的師資能保證至少留校兩年，除較穩定外，還可為學校帶進多元化的領域專長。[24]

　　整體來說，一位優質教師需要具備教學專業、學科專業與教學熱情等三個要件，偏鄉學校卻因地理條件所限，若教師的教學熱情不足就會嚴重影響教學品質。TFT尋求一批具有志工精神的年輕人，幫助他們短時間內擁有教學專業，同時突破教師任教資格的限制，是制度創建的最佳案例。

［六］軸心樞紐要成為一隻多眼龍

　　樞紐團隊在營運過程的另一個挑戰，來自其所面對的使用者族群多元而複雜，經營過程中的「主導邏輯」必須謹慎斟酌。

　　主導邏輯指企業獲取利潤時採取的基本假設與策略思維，是其用來獲

---

24 我們是誰，**TFT為台灣而教**。檢自https://www.teach4taiwan.org/about/（民108年5月13日讀取）。

利與生存的主要手段。本質上，它更包含了企業對何謂「成功」的定義與詮釋，也描述了企業支持的價值規範和信仰。

（一）經營之眼

主導邏輯概念是由策略管理學者普哈拉（C. K. Prahalad）與貝提斯（Richard A. Bettis）共同於1986年提出。最早是在討論企業多角化與績效間的連結關係，也就是企業高階管理者面對核心業務的結構變化時，採取的主要認知取向，可以說是核心業務多角化開發的心智圖。

一般來說，企業進行多角化時，會事先設定明確的主導邏輯來擘劃其不同領域事業範疇的策略內容，藉此維持總體策略的一致性（corporate coherence）。當然，如果主導邏輯只專注於單一獲利邏輯或只強調持續改善，不但可能阻礙企業的發展，並也限制了其創新思維而難以創造有利環境。

1995年，上述兩位學者針對其先前提出的主導邏輯概念有了新的修正，認為在資訊多元豐富、周遭環境複雜的時代，主導邏輯的思維不僅可以解釋企業多角化的策略模式，更能提供適當指導方針以協助企業面對多變環境並驅動適當的企業變革行動。

簡單來說，主導邏輯就是「經營之眼」，它扮演以下兩種功能（Bettis & Prahalad, 1995）：

1. **訊息過濾器**，過濾關鍵訊息以融入企業策略、系統、價值、期望與強化行為；

2. **組織學習機制**，讓組織學習可以不斷地在策略、系統、價值、期望和強化行為等面向發生，然後透過回饋機制形成互動循環以不斷調整創新。

在人文創新生態系統，樞紐廠商面對性質殊異的族群並與生態體系成員互動連結時，其挑戰與複雜度很高，更需透過「經營之眼」形成清晰的主導邏輯來指引未來發展方向。只是生態系統中的族群性質各異，需要**像一隻多眼龍，同時看到各個面向的不同邏輯思維，用心和大腦加以融合，才能做出最好的判斷。**

（二）融合多元目的

以經營「華山1914文化創意產業園區」的台文創公司為例，它是台灣第一個運作的文創園區經營者，隨後並成為其中典範，其經營模式有著示範作用也引起最多的關注。

審視華山文創園區生態體系，實則連結了三個不同族群，包括文資團體、市民訪客及展演單位等，分別代表不同的價值與目的取向（見下說明）。樞紐廠商必須思考如何平衡這些主導邏輯，同時與這三個族群連結、共創價值，好似一隻多眼龍，需要同時從不同的視角看見世界不同的景象。

① 文資團體 ── 社會目的
已如前述，華山文創園區所在地是由日據時代的酒廠演變而來，原址

是古蹟與歷史建築場所，其開發與使用受到「文化資產保存法」的保護與限制。

　　雖然台灣社會的文化資產保存意識早已抬頭，相關團體也不遺餘力地為了維護園區產業遺址原有風貌及完整性而奔走發聲，但究應如何有效地保護這些文化公共財兼而善用園區產業遺址以營造園區特色，迄今仍然缺乏共識。目前的做法僅是將空間內部移作其他用途，許多專家認為此一操作模式對文資保護的社會目的仍有不足。

② 市民訪客——個人目的

　　隨著都市化的發展趨勢，原本位於車站邊的廠房逐漸變成位在城市中心的地點區位，原有廠房移走後留下大量閒置空間。文化部在2011年將原以「閒置空間再利用」為名而設置的創意文化園區正式更名為「文化創意產業園區」，希望帶動整個產業的發展。

　　另一方面，民眾因經濟條件的提升而開始重視文化休閒活動，台北市民尤對此處原本閒置破舊經改建重生的廠房轉型為文創休閒空間感到興趣。每到週末假日，華山文創園區就有著滿滿人潮，此處幾已成為市民「看電影、聽演講、欣賞戲劇、看展覽、逛市集、吃飯聊天、在草地上打滾」的重要生活空間。

③ 展演單位——經濟目的

　　從設立之初，華山文創園區便定位為「台灣文化創意產業的旗艦基地」，透過多樣化的「會、展、演、店」，每年舉辦超過千場活動，期許

成為創意人的「江湖」並成就跨界創意平台，進一步成為文創產業人才的育成中心。

而對那些申請在華山文創園區進行展演的創意人而言，更希望透過這個平台展示或實驗其創新產出，期能在此與其他相關專業領域創意人激盪出更多火花，藉此獲得更多有形、無形的資源以為後續發展的基礎。

面對這三群各自抱持不同需求及目的的族群，台文創公司在華山文創園區常會面臨難以取捨主導邏輯，甚至不同策略之間有相互拉扯的困境。如何讓產業遺址文物、市民生活空間和文創經營元素能在園區內同時展現，且讓不同族群在此生態體系追求的價值目的平衡，或者彼此能夠產生連結關係，是經營過程必須積極處理的關鍵挑戰。

這個案例也反映了，任何人文創新生態系的樞紐廠商，如有意合流經營策略的不同主導邏輯，實需更加費心。

［七］低調沉穩的軸心樞紐

在日常生活中，「樞紐」就如同歐陸城市中的「中央車站」（德文 Hauptbahnhof），透過火車運輸連結各個不同城市的居民。火車是在十九世紀初由英國人喬治・史蒂文生（George Stephenson）發明，之後便帶領著全人類進入跨時代的階段。對當時的人而言，火車的出現是一樁偉大科學奇蹟，更對當時的社會結構、經濟發展等各個面向帶來巨大轉變。

其後中央車站不但成為城市的更新象徵，也連帶成為當時區域發展、

互動連結的關鍵樞紐。到了現代，全世界有許多都市的建設仍以其重大交通建設與火車站周邊區域發展為核心。如在日本東京或台北，火車站都扮演關鍵的位置與角色，除了是城市的象徵地標，更是網絡連結與資源互動的平台，重要性不言可喻。

但在畫家筆下，中央車站卻曾出現一個不一樣的構圖。有「印象派導師」之稱的法國畫家愛德華・馬內（Edouard Manet），他於1873年創作《聖雷札火車站》（*Gare Saint-Lazare*），以當時的鐵路這個新興事物為主題，嘗試反映「火車站」此一樞紐角色在當代社會轉型過程的關鍵影響力。這幅畫後來成為印象派的經典代表作。

馬內曾描繪許多巴黎街道場景，《聖雷札火車站》便是十九世紀末期的巴黎城市景觀。但不同於一般直覺的視角，馬內並沒有選擇傳統的自然背景、車站與火車為畫布主角，而以鐵柵欄延伸至整個畫布，火車的唯一證據是白色的蒸氣以及遠處可以看到的高樓（陳宗文，2019）。

儘管馬內的畫作並未直接勾畫車站，但透過畫作中人物的表現與白煙的象徵，我們仍能深刻感受「火車站」這個樞紐角色對周遭人事物帶來的影響與啟示，而這張印象派的經典作品也帶給我們很多啟發。

人文生態系的軸心樞紐（如前所述的樞紐廠商或核心領導團隊）在整個生態系的建構、創造與演化過程扮演關鍵性的角色。它是**理念倡議者、生態系治理者、市場架構者、社群連結者、動能蓄積者**和**制度創建者**，任務非常繁重。但和傳統組織的CEO不同，其很多時候在公眾舞台上的角色並不鮮明亮麗，即便承擔重責大任卻仍低調沉穩。

正如馬內所畫的車站改變了社會風貌卻未呈現在畫布上，只是默默地

進行日常工作而從未張揚，引人關注的眾生百態才是重點，這也是人文創新生態系不同的運作準則。如何從不同脈絡認識樞紐與領導團隊的角色，是人文創新另外一個必須要認真學習的課題。

伍

星 群

星點閃亮，繁衍共創。

每一個星點，都是生命的奇蹟；

每一條生命，都值得尊重。

　　在人文創新生態系中，除了堅實多工的核心樞紐外，周遭還布滿了為數眾多的「星點」。雖然每顆星都只能發出微弱的光芒，但是所有星星的集合卻是整個生態系發光發亮的關鍵要素。如前章提及的華山文創園區的「會、展、演、店」、TED平台的每一位講者、Airbnb分散世界各地的民宿、星巴克咖啡遍布全球各市鎮的地方特色店，都是讓整個生態系充滿生命力的關鍵，這些都是H-EHA模式中「A」的具體案例，是人文創新的關鍵課題。

　　「星群Astersism」包含兩個層次的課題。首先，從星點的視角來看，生態系中的每個星點都是前章定義的「自組織」，必須憑藉自己的努力創造個體的獨特性，尋求生存之道，因此要深刻認識所處的生態環境，才能找到適當的生存策略。其次，從生態系發展的視角來看，要採用適當的繁衍策略，加速星點的誕生成長、厚實茁壯，這是生態策略的重要課題。

　　在實際環境中，星群所處生態環境的擾動程度各不相同，本章首先介紹兩個常被提及的學術概念（即「價值星系」與「大爆炸時代」），接續說明兩個不同視角的經營模式與策略邏輯。

［一］ 從價值星系到大爆炸時代

（一）價值星系

　　傳統製造業的價值創造來自於一連串的價值活動，逐一創造累加而成，一般稱為「價值鏈」。生態系的價值創造來自於成員彼此協力合作

產生，通稱為「價值星系」（value constellation）（Normann & Ramirez, 1993）。「價值星系」不同於連續加值的價值鏈，其最終使用者所接收到的價值，主要來自廠商和顧客間的互動交流，加上與其他合夥人或結盟者共同創造出來的。因此，經營者不能只關注每一個生產環節效率的提升，還必須努力於強化整個網絡中所有成員的協作共創。[1]

在價值星系中，科技常是「促成技術」（enabling technology），有效運用科技可以重塑成員彼此間的角色關係，孕育新的協同合作模式，並促成新的價值創造系統。例如，由於網路科技的普及，現在的語言學習或文本翻譯，都很容易找到遠在天邊、具有母語能力的教師或專家來指導，每次合作的對象都可以不同，專業程度較前大幅提升，形成一個新的價值星系，滿足各異的翻譯或語言學習的需求。

（二）大爆炸時代

另一方面，科技也可能造成產業環境的重大變革、引發傳統物種大滅絕與新物種大爆發，是企業興衰的主要驅動力。Downes & Nunes（2013）曾經提出「大爆炸式創新」概念，指破壞者可能來自遙遠且不相干的邊陲地帶，甚至結合與產品無關的現有技術而能大幅改善價值主張。

前述兩位作者認為，當前的經營環境正處於大爆炸式的時代，主因有三且都與數位網路科技的快速發展直接有關：

1　價值星系，**MBA智庫百科**。檢自 https://wiki.mbalib.com/zh-tw/%E4%BB%B7%E5%80%BC%E6%98%9F%E7%B3%BB（民111年3月3日讀取）。

1. **開發無負擔**：許多網路應用與電商模式都只需要很小的投資就能啟動；

2. **成長不受限**：許多電子科技產品的性能有絕對優勢，複製生產成本又低，幾可在很短時間襲捲整個市場；

3. **經營模式無限多**：網路交易平台大量降低交易成本後，廠商間的合作聯盟可以隨時進行或改變，經營者因而得以發揮無限創意而採不同策略。

上述現象在零售產業最為明顯。例如：網路技術的發展帶動電子商務的興起，產生因地制宜的客製化服務得以滿足消費者的多元購物需求，但也同時造成線上與線下的激烈競爭，讓傳統實體零售業者無力招架。

另一方面，新的企業物種卻因而誕生並也產生了新的零售業態。例如：中國大陸阿里巴巴旗下販賣生鮮食品的子公司「盒馬鮮生」，實踐了線上線下無縫連接的新零售模式，是超市、是菜市場、也是餐飲店。

此外，總部設在福建福州並以傳統超市形態起家的「永輝超市」，旗下「超級物種」的空間規劃明確，靠著各式非標準品的生鮮提供現場鮮食料理服務，更憑藉不斷變身而進化出不同的店型業態，在這波新舊物種淘汰賽逆勢崛起，淨利持續攀升。其後投資App等虛擬通路，成為可與上述「盒馬鮮生」抗衡的另一強勢企業物種。

各種數位科技的興起使得零售價值鏈不斷出現破壞性創新，如無人機或機器人送貨、聊天機器人（ChatBot）現都已是客服幫手。但大爆炸式創新與破壞式創新不同，並未從簡單、便宜的低階產品開始，而是直接進

入主流，隨即攻佔整個市場。

　　大爆炸式創新由於數位科技帶來開發無負擔、成長不受限、策略不受束縛這三項明確的特性，很容易創造一個又一個驚奇。破壞者既不按照傳統的策略路徑，也不依循正常的市場採用形態，通常只是朝顧客不斷的「丟出」某樣耀眼的產品，期待其中某一項能夠產生「致命的」吸引力，就可能造成意料之外的爆紅，市場銷售一飛沖天。

　　從價值星系的「互補共創」到大爆炸時代的「爆炸式創新」，都是星群謀求生存的可能策略。無論如何，清楚地認識所處的生態系脈絡應當是星點的首要之務。

〔二〕星點的生存憑藉

　　相對於它所處的生態場景與核心樞紐，人文生態系的星群常是微小組織甚或是個體，如 Airbnb 系統中的民宿、華山園區的「會、展、演、店」等都是如此。因此，若要安穩的生存，必須要採用不同的生存策略。

　　一般來說，除了生態系統所滋養的資源外，星群必須憑藉本身擁有的三種力量以獲取彈性和迅速應變的效益，分別是：行動力、實創力和傳播聚合力。

（一）行動力

　　星群的「行動力」指其輕、薄、短、小的特性，能夠如同變形蟲般地隨著環境不同而迅速調整形狀與功能，彈性且靈活地對市場與周遭環境快

速反應以因應瞬息萬變的商機，如許多攤販小吃常隨著各地廟會活動而移動位置就是最佳範例。

台灣的中小企業以代工製造為主，多具有這樣的特質，這是他們生存求生的本事。他們都能因應採購商的要求而在很短時間內備料生產、如期交貨，這就是行動力的具體表徵。

此外，Airbnb平台的民宿、Uber平台的自駕車司機、TED的演講者，還有許許多多的個人工作者，也都有同樣特質，可以隨時改變不同的服務內容。

隨著外界環境愈形紛亂多變，行動力已經成為當前企業經營的核心課題。為了提高組織的行動力，許多傳統大型企業也在進行組織裂解工程，將大型官僚組織拆解成星群組織。一般來說，星群組織有以下兩種類型。

第一種類型是由許多獨立運作的專案小組或類似單位構成，常以任務編組方式配合環境變化創造最具競爭力的產品。但當階段性任務完成或無法繼續維持競爭力後，立即重新改組再創新的利基。[2]

例如：日本京都「陶瓷株式會社」旗下的領導人，需要對相關計畫負起盈虧責任，進而創造企業永續經營的附加價值，所以該公司以小技術、小產品的開發來不斷累積研發技術，以能創造更大利潤。整體技術的垂直整合也要快速且嚴密的相互結合，以便整個研發過程達成同步要求。

第二種類型是組織與組織間基於互相依存的關係而結盟，進而聚合成

2　變形蟲組織，**MBA智庫百科**。檢自https://wiki.mbalib.com/zh-tw/%E5%8F%98%E5%BD%A2%E8%99%AB%E7%BB%84%E7%BB%87（民111年3月3日讀取）。

龐大的事業體並創造豐富利潤，讓結盟的各組織都能互蒙其利。但是一旦環境變化，這些結盟組織就得再度迅速解構，並各自找到適合的新結盟對象而形成另一結盟體。這種因勢結盟而成的組織，一般以虛擬組織居多，並非實際存在的有形組織。

　　例如：中國大陸最大家電生產企業「海爾集團」將企業角色轉型為平台，拆分大企業變成小型、精幹的作戰部隊，曾一舉裁掉約 1 萬 6,000 名員工，並解散萬名中階主管，把原先部門變成一個個獨立小企業，每個微小企業只負責一支產品。而當員工獲得更多決策權限後，必須像CEO 一樣根據消費者動態即時改善產品，提升整個組織面對市場時的反應速率。因此，海爾員工可以在平台成為提供所需服務的「平台主」，或是選擇成為小微企業內發想創新點子的「創客」、負責營運的「小微主」。[3]

　　此外， Google、Apple、Amazon、Facebook 等國際大企業，則是透過提供平台來支持數千萬個服務生態圈裡的星群發展，是數位時代的新典範。

（二）實創力

　　實力微弱的星群能夠生存的第二個重要憑藉，就是務實創作的能力，簡稱為「實創力」。美國哥倫比亞大學的管理學教授麥奎斯（Rita G. McGrath, 2015）曾在《瞬時競爭策略：快經濟時代的新常態》（*The*

3　楊修（民108年5月20日）。世界500強企業已有半數消亡！ 2個提醒，讓組織在混亂的時代存活，**經理人**。檢自 https://www.managertoday.com.tw/articles/view/57692（民111年3月3日讀取）。

End of Competitive Advantage: How to Keep Your Strategy Moving as Fast as Your Business）一書提到，我們如今活在「任務導向經濟」（tours of duty economy），競爭優勢其實展現在個人身上並跟著個人走，因而社會遠較以前更鼓勵創業家精神。在此同時，越來越多的工作者被雇用來參與任務導向的專案，一旦專案結束就會離開找尋新的機會並參與新的專案，其言清楚闡釋了實創力的重要性。

「實創力」包含三個部分，分別是：個人的獨特技能與經歷、地方知識與場域詮釋能力，以及就地取材的實業精神，以下進一步說明。

［1］個人的獨特技能與經歷

實創力的第一個關鍵元素是個人的獨特技能，傳統的餐廳主廚、服裝設計師、建築師都是典型案例。

由於專業分工明顯，現代多元社會的各個領域都有可以表現專技的空間，從路邊的雜耍、小丑、運動選手、電競遊戲的高手，到美髮師、心理諮商師、音樂演奏家等隨處可見。

又如在前述 TEDxTaipei 的短講中，點閱率名列前茅的是位年僅 12 歲的小妹妹，並沒有社會知名度，但她在短講中展現疊疊杯的超高技能而引人關注。

星群另一個吸引人的關鍵元素，在於主事者的親身經歷與劍及履及的實踐精神。例如：許多年輕朋友投入社會企業，一齊為海內外偏鄉教育投注心力，用自己的青春寫下故事。也有很多夥伴不畏艱難，長途跋涉、登山涉水、實踐夢想。這些走過的足跡都是他們的勳章，也是他們後來事業

生存的憑藉。

⑵ 地方知識與場域的詮釋能力

星群能夠展現實創力的另個面向，是它擁有的「地方知識」（local knowledge）以及對該地方場域進一步詮釋的能力。

地方知識是文化人類學常用的名詞。美國著名人類學家紀爾茲（Clifford Geertz）在其所著專書《地方知識》，曾經描述在印尼爪哇、峇里島與摩洛哥等第三世界國度進行田野調查時，深刻體會了在地各有其處理日常事件或人生要務的體系化「常識」；他將這類知識稱為「地方知識」。

在現代社會，地方知識可以概括「人文」與「地理」兩方面：人文包括歷史文物、宗教信仰、文化節慶與地方展演，而地理則涵蓋地形地物與自然景觀。

在國際交流頻繁的當下，特異的人文地理成為文化交流的重要內涵，也是彼此相互吸引的關鍵。如何掌握並詮釋傳播地方知識，就是星群生存的可能憑藉，地方導覽員就是最明顯的例子。

由於地方知識具有異質性，如能進一步詮釋與演化就可成為創意的重要來源，許多知名的建築作品、大地藝術祭都是典型案例。

例如：中國大陸由張藝謀執導的「印象」系列作品，由舞台劇導演王潮歌及舞台美術設計師樊躍共同創作，三人常被合稱「印象鐵三角」。他們結合中國各地瑰麗山水、壯闊景象與藝術成為當地獨一無二的「山水實景秀」，其展演便是極具創意的藝術創作，也成功地替中國旅遊寫下新頁。

　　印象系列從2004年至2012年間打造了多部印象系列劇場，在中國七處風景名勝區分別利用各自特色創作出能結合當地文化的舞台劇。如《印象麗江》將雲南麗江當地少數民族納西族的東巴文化帶入表演，讓觀眾不僅看見麗江的自然之美，也欣賞到納西族的特有文化。隨著科技進步，七部印象劇的演出內容結合了不同的數位科技，也展現出各個地方完全不同的人文地理風貌。

　　台灣各地方社區及偏鄉地區擁有極富特色之人文風采、物景地貌、產業歷史、工藝傳承，也都蘊藏著深厚的文化內涵。若能善用地理區域資源，並以創意手法來挖掘在地文化底蘊、突破環境限制，就可以像「風水師」般地運用重新詮釋與建構場域的能力，拼湊、組合、轉換資源並賦予嶄新價值，進而發展出新產品、新服務或新解決方案。

③ 就地取材的實業精神

　　事實上，許多星群成功創業的案例就在於能**因陋就簡、就地取材，善用周邊資源且將就著用**，終能展現與一般實業精神不同之處。

　　例如：台北市捷運中山站的知名飾品店「假期國際」（Vacanza Accessory）[4] 從擺地攤起家，顧客以親民價格就能購入高質感的飾品，而其多元化的風格更滿足了年輕女顧客的購物需求。

　　「假期國際」最初亦曾歷經每個月燒掉十幾萬新台幣的陣痛期，卻仍不放棄對品質的堅持，以隨機應變的跑地攤精神「摸著石頭過河」，不斷

4　首頁，**Vacanza Accessory**。檢自 https://www.vacanza.com.tw/（民111年3月3日讀取）。

修正進化，終能找到資源配置的平衡，同時發揮MIT（Made in Taiwan）優勢打入市場。目前已是營收破億的飾品小王國，構建起台北、台中共五間門市，店內有4、5,000個品項，官網則有800個品項。

2017年開始，「假期國際」前進馬來西亞與越南，同樣發揮邊走邊學的彈性，發現若進軍海外市場「商品要堅持特色，行銷則要回歸當地」。源於當地尚未習慣網路購物，消費者的大小問題如商品介紹、價錢、材質、運費、寄送方式等皆須透過私訊回覆，而也只有在這些來往過程建立了信賴感，消費者才會下單。

前引管理學大師彼得・杜拉克（1985）曾在《創新與創業精神》（*Innovation and Entrepreneurship*）論及「創業精神」同樣涉及了創新想法的具體落實，內涵包括：洞見機會、勾勒願景、吸納資源、組織團隊與落實執行。然而創業精神強調的不只是新創事業，而是願意面對所有不便、老化、陳腐與過時並勇於改變的精神，以及堅持到底的毅力。

事實上，科技工具的成熟發展與現代化的分工制度也讓微弱的星群有了更大生存空間。在這個生態系，創業者不必一手張羅所有事情，只要善用個人知識（經歷）和實業精神，並發揮個人的專業技術和原創設計，就可成為自造者。若是開設網路商店，則從手作興趣發展到微型創業，以低成本實驗驗證商業市場的潛力，就可成為成功的微型企業家。

（三）傳播聚合力

這裡提出的「傳播聚合力」（adhesion，亦指「黏著力」或the ability to stick）概念，是星群生存的另一重要憑藉。

　　我們認為，星群點點得以閃亮，是因他們能透過傳播產生聚合力而黏著客群。無論是在實體環境的華山文創園區長年經營的「會、展、演、店」、張藝謀印象山水系列，或是在虛擬世界的眾多的KOL（key opinion leaders，「網紅」之意），除了自身實創力外，也須透過多重媒體管道聚合網民，把握住需求的瞬息萬變，俱是創造財富或影響力的要件。

　　然而這些點點繁星究竟有什麼魅力成為意見領袖，從而吸引人們追隨、採取行動？在智能科技時代，透過數位媒體展現的「傳播聚合力」應是關鍵。

　　微小星點如何在平台發亮，最早應可回溯開始有網路時代的BBS論壇，如台大椰林、政大貓空行館等，其時曾讓不少莘莘學子廢寢忘食地黏著在這些兼具知識搜尋、即時資訊、社群交友連結等多功能的論壇。

　　「痞子蔡」就是那個論壇時代的網紅代表。1998年就讀成大博士班的蔡智恆，透過筆名「痞子蔡」刊出個人處女作〈第一次的親密接觸〉連載，因應當時網路興起而決定以網路戀情為主軸，描寫網路聊天室男女主角（痞子蔡與輕舞飛揚）彼此認識、相戀的故事，行文詼諧有趣，寫作方式生活化且題材新穎。[5] 又因其述說場景符合時下求學青年在BBS的行為脈絡，因而大受歡迎，網路小說後續發行出版，首筆版稅就超過新台幣一

5　蔡智恆，**維基百科**。檢自https://zh.wikipedia.org/wiki/%E8%94%A1%E6%99%BA%E6%81%86（民111年3月3日讀取）。

6　KOL/網紅/網美/YouTuber 是什麼意思？你該如何選擇？使用Influencer Marketing 8個重點控管行銷成本，提高產品轉換率，**影響立_部落格總編輯Erian**。檢自https://medium.com/erianmarketing/kol-%E7%B6%B2%E7%B4%85-%E7%B6%B2%E7%BE%8E-youtuber-%E6%98%AF%E4%BB%80%E9%BA%BC%E6%84%8F%E6%80%9D-%E4%BD%A0%E8%A9%B2%E5%A

百萬。

　　而在數位科技快速進步的今天，人們接受新穎資訊的來源不再只是傳統的電視、廣播、報紙，取而代之的是隨身筆電、手機、平版載具。

　　而像是Facebook、Google以及串流媒體YouTube等網路平台，前述KOL即媒體所稱的「網紅」，泛指YouTuber、Instagram Influencer、粉絲團主或直播主等，他們憑藉自身專業，透過提出議題主張或專業能力而吸引粉絲追蹤，在網路擁有自己的平台與粉絲群，甚而創作如開箱文、抒情文章、影音或直播等內容產製，以此作為與粉絲互動的素材，進而吸引相關廠商邀約為產品代言。[6]

　　例如：「486先生團購」在網路平台分享產品開箱文為其背書，吸引了大量網民點閱，進而促使多個品牌與他合作代為產品開箱。至於眾多名人（如郭富城或政治人物）相繼接受網紅如「蔡阿嘎」的訪問，其目的無非希望藉此接觸更多年輕族群。

　　總之，人文創新生態系除了平台樞紐外，還有為數龐大的星群，他們若要找到生存利基甚至在天空閃耀發亮，除了依賴快速調整的行動力外，還需要培養個體的獨特能力、深化與地方場域的對話詮釋能力，以及就地取材的實業精神。更重要的是，閃亮星群需要有傳播媒介的聚合力，能掌握議題並感性敘事，同時還要運用多重媒體管道快速傳播，這些都是星群

　　6%82%E4%BD%95%E9%81%B8%E6%93%87-%E4%BD%BF%E7%94%A8influencer-marketing-8%E5%80%8B%E9%87%8D%E9%BB%9E-%E6%8C%A7%E7%AE%A1%E8%A1%8C%E9%8A%B7%E6%88%90%E6%9C%AC-%E6%8F%90%E9%AB%98%E7%94%A2%E5%93%81%E8%BD%89%E6%8F%9B%E7%8E%87-c0ae664b98c9（民111年3月3日讀取）。

的生存憑藉；如Etsy數位平台上眾多的手工藝術品創作家，就是一個很好的例子。

雲端上的手工市集與手工藝術品創作家

如前章所述，Etsy原是一個美國起家的網路電商平台，以販賣手工藝品為其主要特色，曾被媒體譽為「祖母的地下室收藏」。累計至2021年 4月15日止，平台上展售超過 8,500 萬個商品，並在 2020 年已達到100億美元的營業額。

● Etsy 生態系的星星

在Etsy建立的生態系，一些帶著理念創作的獨立手工藝術賣家、部落客、自創品牌商等都是星群裡的獨立、閃爍「星星」，有的以女權、同志、性別平等為理念創作，有的以皮革、木工、鐵鑄、織品、陶瓷為材料創作，更有的賣家其實是代代相傳的家族企業。

每位創作者各自有其不同專業，也帶著不同故事來到平台，將多元價值傳遞給珍視手工藝品的買家。他們在這個平台創作發光，乍看之下彼此難有交集，但在買家眼裡他們如同一片星群閃爍著。

● 星群的生存憑藉

（1）行動力：因應環境調整內容

在看似零散的Etsy生態系星群，每位創作者都能因應環境變化而快

速地調整活動內容。例如：為了因應聖誕節的購物需求，Etsy平台的創作者會設計與聖誕題材相關的產品，而官方編輯則善用廚藝網紅Tieghan Gerard的選品影響力，結合聖誕節元素推廣相關產品。

（2）實創力：賣家有獨特創造力

Etsy平台的知名創作家都擁有個人獨特技能與人生經歷，可以美國 Peg and Awl商店的十年創作生涯為例說明。

該商店由Margaux與Walter Kent夫妻投入創作。Margaux早在2007 年便先於Etsy販售珠寶配件、相片、日記本，美學敏銳度十足。而先生 Walter在尚未認識Margaux前，專精於木工且擅長製作器具。兩人後來以 「創作自己家裡的家具」為理念，於2009年開設Peg and Awl商店，專門 製作廚房及衛浴周邊產品。

兩人因產品廣受喜愛而入住工廠並開設工作室，產品線也開始多樣化。Peg and Awl創作理念圍繞在對家庭的關愛，大量發揮個人興趣與經驗。Margaux 其後因參觀某個藝術創作工作室得到靈感，而於2016年創造了「旅行藝術家的畫筆布袋」，上架後短短一小時就得到十筆訂單。

Marguax 與 Walter 二人初投入創作時會到當地建案場地撿拾即將丟棄的老舊木頭，也會從不要的日記本、背包取下皮革為素材。事業發展後卻發現這些材料來源難以支撐創作量，因此開始善用地方知識前往地方市集取材，最後決定向賓夕法尼亞州的植物鞣製皮革廠商進貨、引入南邊森林的木材，善用當地資源並創作出富有在地鄉村風格的木製與皮革產品。

（3）傳播聚合力：Etsy網紅的渲染力

Etsy 的「編輯精選」（"Editor's Pick"）固定與名人或組織合作，產出「選品」或「聯名創作」的精選文章。例如，Nicole Richie's Stunning Creator Collab詳細介紹身為知名美國電視名人、時裝設計師、作家、演員、歌手和主持人妮可・李奇（Nicole Richie）所創立的品牌 "House of Harlow 1960"，以及其與Etsy九位創作者聯名的限定快閃店。

這個聯名快閃店的創作靈感深度融合妮可・李奇的品牌美學，又能結合Etsy創作者的各自風格，讓手工藝品能被更多人看見而走入民眾日常生活。

三 星群的生存與發展策略

（一）星群生存策略——流轉創生

生態系統是由眾多成員組成，包含為數眾多的微小組織、團隊或個人。除了樞紐廠商外，個體成員由於能力懸殊，需要採行不同形式的生存策略，自主、獨力地追求存活與成長。

若以「自主能力和資源」為X軸，以「關係連結的時間」為Y軸，星群在生態系的生存策略可以區分出四種：寄生、共生、創生和利基策略。

1. 寄生策略

寄生策略是主體（如廠商）將自己寄託在另個主體（廠商）的身上（無論外部或內部），藉著吸取寄主資源以獲利益。例如：電影院

門口的黃牛、演唱會的螢光棒小販、學校畢業典禮時的賣花小販等，都是典型的寄生關係。

2. 共生策略

共生策略是主體雙方各得其利。雖然所獲利益未必相等，仍是彼此認同的公平交換資源，也是星群和樞紐間的常見關係。

例如：「街聲」（StreetVoice）[7] 是提供獨立音樂創作者的免費音樂社群分享平台，讓許多獨立音樂得以被聽見，也聚集了一批品味出眾的樂迷。不少音樂人完成 demo（樣本）作品後就立刻至此分享，如今已是華人地區最大原創音樂平台，累積超過50萬會員、數千名音樂創作者及超過22萬首原創歌曲。

3. 創生策略

創生策略是主體（如廠商）進入另個生態環境，試圖在短期內以吸睛品牌裝潢以及新鮮的行銷活動與消費者建立關係，並在新環境創造新的生態系。例如：全球各地進駐商場的快閃店除能為商場創造話題、吸引人潮外，商場經營者也能透過快閃店的業績表現觀察品牌的市場潛力。

4. 利基策略

利基策略（niche strategy）是將企業的資源與能力集中於特定市場，竭盡所能地滿足特定消費族群的需求，藉此尋求長期生存的策略。例如：全球規模最大的半導體製造廠「台積電」（TSMC），

7　首頁，**Street Voice 街聲**。檢自 https://streetvoice.com/（民111年3月3日讀取）。

只專注於提供晶圓製造的服務而不參與晶圓設計、生產或銷售，顛覆以往晶圓製造高度垂直整合的產業現況，在整個半導體產業生態系佔有重要位置，如今全球約92%的晶片都是台積電製造，已成為生態系中最閃亮的星星。

（二）星群發展策略——形成新軸心

星點要從邊陲走向核心或形成次軸心，甚至取代原來的軸心成為新軸心，通常不只依靠強大的個別實力，還須在過程中完成兩項關鍵任務：（1）**意義創新**：也就是提出新的軸心價值主張；（2）**改變制度與規則**：扮演制度創建者的角色；這就是一般所說的「革命」。

首先，「意義創新」是義大利學者維甘提（R. Verganti）於2008年提出。據他的說法，意義創新關心的不是「如何」創新而是「為何」創新，其根源在於能夠重新確定值得解決的問題，以及產品或服務對人的價值。

例如：「TED大會」於2009年開放授權後，TEDxTaipei也隨之成立。一群充滿熱情的夥伴以改變世界為目的，透過這個平台呼籲群眾一起參與，期能讓智慧轉化行動、好點子遍地開花。

TEDxTaipei以打造「華人說故事」的平台為其軸心價值主張，和原來的TED活動內容有所區隔，每年舉辦一次大型年會及數次中、小型活動。由於TED的獨特運作模式，TEDxTaipei在台灣的知識分享與研討活動生態系扮演了新的次軸心，引導整個生態系演進發展。

星點能夠發展成軸心的第二個重要動力，來自新的制度或新的規則，也就是「制度創建」（institutional entrepreneurship）。在人文創新生態

系，生態系的演化驅動力並非只來自科技突破，更來自整體制度與意義建構。以下我們且以《換日線》的故事為例，來觀察星群如何透過策略轉型從邊陲走向軸心，並接續成為次軸心的歷程。

《換日線》：舊媒體中的新媒體

● 另闢蹊徑，走出不同路

　　自 2014 年起，許多號稱新媒體的網路媒體如雨後春筍般地出現，如《端傳媒》、《上報》、《風傳媒》等皆是。這類新媒體成立之初的形式多半只將傳統媒體（尤其紙本）的內容搬動到網路，缺乏多元呈現方式，也少深入分析國際資訊。

　　《天下雜誌》於 2012 年注意到網路時代對傳統紙本媒體的衝擊，隨即開始研究轉型。除內容數位化外，另個重要轉型方式是訂閱付費機制，並於 2017 年推出「天下全閱讀」訂閱服務。

　　雖然閱讀流量持續穩定增長，《天下》卻發現有近六成讀者的年紀都在 36 歲以上。為了開拓 20～30 歲左右、習慣使用行動裝置及網路閱讀的年輕客群，《天下》決定推出子品牌《換日線》，並由任職多年且曾擔任資深撰述與財經記者的張翔一統籌。

● 意義創新

　　《天下》以「重視國際趨勢」為出發點，希望提供優質且具備人文關懷的財經報導。張翔一將《換日線》定位成平台型的媒體，尋求與不同平

台、作家合作，以提供更多元的觀點內容。

　　《換日線》要提供的並非高深的國際政經分析，反而鼓勵許多年輕學子成為專欄作家，用平易近人像是朋友、學長姐而非專業寫手的行文語氣，傳遞來自海外但確為在地的第一手觀察與體驗，讓人感受「國際觀」不是什麼「高大上」的概念。

　　觀察幾篇《換日線》創站初期的投稿文章，諸如生活類別的〈在澳洲，我陪一個女孩買事後避孕藥〉；職場類別的〈我那登上富比世（Forbes）的同學〉、〈自我介紹比工作事項重要！？〉；教育類別的〈跟英國相比，台灣其實是病人的天堂〉、〈"Mensa Fest!"學生餐廳辦派對，維也納大學的「必修課」〉；再到觀點類別的〈一句德文都講不好，我在德國念研究所〉、〈給大學生：分組報告，你會跟好朋友一組嗎？〉等，不乏深度反思的文章，更多則是作者親身體驗與觀察而來。

　　有別於許多國際現況的分析或歷史文化的深度介紹，個人體驗是這些文章的共同特徵，主觀感受貫穿這些文章。《換日線》力圖將國際化轉換為更加庶民而簡單，閱讀者無須具備太高深的國際知識。刊登出來的每篇文章或長或短，但寫來都有意讓讀者看見與其想像不一樣的「國際」。

三 多元異質、自主創生

　　有別於傳統專業雜誌重視編輯寫作的統一風格，《換日線》的每位作者都有鮮明的個體獨特性，這種類似「學長姐」視角的國際觀點，讓《換日線》在眾多國際類型的分眾媒體得以走出自己的路，而不同特色的專欄作家也為《換日線》增添多樣性。

例如，專欄作家「安妮」從大學時期就很關注英國的相關新聞，因而受邀在《換日線》投稿。她在〈跟英國相比，台灣其實是病人的天堂〉一文，帶領讀者比較了台灣與英國醫療體制的異同。另篇〈刻板印象、種族歧視，還是純粹「黑色幽默」？──BBC 影集 Chinese Burn 所引爆的 Chinese Rage〉，分析 BBC 連續劇對亞洲人的刻板印象，引導身在台灣的讀者思考種族、國籍、臉孔的歧視與刻板印象在日常生活的樣態。

又如筆名「江懷哲／躁動的太平洋」的專欄作家在〈東方夜車上的「北京夢」〉，以短短篇幅道出中國大陸北漂族的悲哀、辛酸與無力。作者另篇投稿主題卻風格迥異，探討在菲律賓民主體制下，地方派系、家族政治與殖民體遺緒的關係。

除了在《換日線》投稿外，江懷哲在《端傳媒》及《轉角國際》都曾投稿國際報導文章，安妮則在《換日線》的另個網站擔任通俗歷史文章專欄作家。或許江懷哲或安妮並未在網路世界成為網紅，但也確實在各自交友圈得到「寫手」的稱譽，安妮更曾受邀去學校演講，也受出版社及書店之請舉辦讀書會。

㈣ 制度創建

（1）管理平台媒體的摸索：與作家的「約法三章」

2018年，《換日線》旗下已有來自全球近 200 多位專欄作者。為了讓世界各地都有可為《換日線》供稿的專欄作者，編輯團隊優先邀請沒有專欄作者的國家、地區投件，而在長期互動下，編輯團隊也漸發展出管理作家群的規則。

　　例如，由於許多專欄作者受限於各種原因未能定期供稿，經編輯團隊內部討論後開始與專欄作者們「約法三章」：如果半年內未交稿或總交稿篇數低於三篇，編輯團隊有權更改其頭銜為「投書讀者」。

　　不過，除了上述制式交稿規定外，編輯團隊也力求保持彈性：若遇到特殊題材，專欄作者可與編輯團隊討論額外專案補助，而供稿頻率固定的專欄作者或是寫作字數較多的文章，稿酬也會酌情增加。

（2）經營平台媒體的創新：流量轉換為有溫度的季刊

　　《換日線》的主要營收包括廣告與辦活動，第三個來源則是《換日線》季刊。

　　在網友連署下，《換日線》於2017年創立了同名刊物，以一季一本的頻率發行，也就是每季選定一個主題，將過去曾經刊登過的相關文章集結成刊，改以紙本發行。

　　紙本季刊的順利發行，源自人們可從紙本得到「溫度」與「可觸碰」的感覺。再加上印刷品所能呈現的美術設計、排版，也是網路難以取代。

　　季刊的發行也調整了編輯團隊的角色。傳統紙媒過去都是總編輯先推測哪類文章可能得到市場正向回饋再以此推展內容，等到上架販售時才會曉得銷量如何。而《換日線》則可從網站後台看到某類或某篇文章的流量，進而預測推出後的成效，因而能精準地打中市場胃口。

　　以上這些作為都改變了傳統媒體的核心意義與運作制度，是次軸心得以順利成形的重要關鍵。

［四］ 星光舞台　繁衍共創

　　微弱閃亮的星點若是希望得到成長繁衍的機會，可以透過本體的複製繁衍，依附到其他不同的生態系上，傳統的連鎖經營體系就是最好的實際案例。

　　現實社會有各種不同業種的連鎖經營體系，包括西式速食、披薩、滷肉飯、飲料、餐廳、旅店、書局等，都是藉由星群事業體系總部的安排，而以展店方式將體系星點最佳實務與經營模式有效地移轉或複製以擴展組織疆界。這些事業體系還會運用不同類型的知識資源如物流、行銷、技術、服務等，重組或重構為新的體系知識如新的行銷通路或產品類型，藉此彈性因應市場環境變動並提高其在市場獲利的機會。

（一）萃取DNA、複製繁衍

　　總部要能成功地複製單一店鋪的經營模式，首先必須萃取DNA並掌握正確的「經營模板」（template）到各分店。例如：王品集團第一個品牌「王品牛排」順利展店後，就整理、發展成功經驗為標準模式，不斷複製、成立新的品牌甚至擴張到中國大陸地區。

　　王品集團累積的開店經驗知識包括進貨、物流、烹飪、現場布置、服務等，其開店公式稱為「展店151方程式」，意即若開設新店的投資額訂為新台幣1千萬，則該年度營收要達到5倍，而淨利也要等同投資額。

　　王品集團還有「123收支結構法則」，指10%店租、20%人事、30%食材、新舊客戶比為 7：3 等，這些都是經營祕笈，也是星星亮點的DNA

（基因）；如能掌握這些關鍵基因，複製繁衍就可能成功。

（二）場域對話、調整適應

　　但是連鎖經營體系總部仍須判定哪個區域（where）的哪一家分店（who）適合哪一類型（what）的經營實務。即使經營模式相似，都市與鄉村地區的實務運作（如產品搭配、促銷方式等）仍有差異。

　　若產生移轉困難亦需調整改善（exploitation）原有的最佳實務經驗，或開發（exploration）出新的最佳實務，以利執行連鎖經營模式。例如：為了拓點二線城市，王品集團曾經進行二代店的品牌再造，調整套餐菜單和訂價，並也進軍百貨商場開店。

　　換言之，星點複製繁衍有賴每個新依附的生態系重新對話、調整適應才能成功。例如：跨國連鎖便利店集團7-Eleven早於1979年就由統一企業引進台灣，但因民眾消費習慣等因素而出現連續七年的虧損窘境。經歷了一段時間的努力與摸索，並調整商品品項與經營方式後，始將原本完全移植自美國的風格逐漸本土化，終在1986年轉虧為盈。

　　台灣的7-Eleven店面所在的位置與店面大小差異很大，從車站、街道、體育場、學校、醫院、百貨公司、國道休息站到公司行號都有蹤跡，可以堪稱全球之最。仔細觀察這些店面，可以發現它們基本的DNA都完全相同，只有少部分的適應創新，是典型的複製繁衍帶來的熟悉性新穎（similar novelty）。

　　以下以星巴克為例，完整說明這個概念。

星巴克的適應創新

走在繁忙的街道，深呼吸，進入星巴克，門上鈴鐺響起，紛擾彷彿瞬間被隔離在玻璃門外。空氣中瀰漫著咖啡香氣，悠揚樂聲中有鍵盤敲打的聲音、有三五好友聚會的笑語，放鬆舒適的氛圍有別於一般咖啡廳；這是前章所述的星巴克引以為傲的「第三空間」概念。

星巴克認為，家庭是顧客的第一空間、職場是第二空間，而星巴克以成為「第三空間」自許，期能為顧客提供不同於家庭或職場的悠閒感受。

● 賦予咖啡儀式感，開創第三空間

星巴克主席兼 CEO 霍華・舒茲（Howard Schultz）出生美國紐約布魯克林區 Canarsie 社區的猶太工薪家庭，大學畢業後在 Xerox「全錄公司」負責銷售並積累了豐富經驗。

五年後，他跳槽至瑞典公司 Perstorp 旗下的 Hammarplast 公司，以出售滴濾咖啡壺等家居用品為主要業務，沒過多久就被提升為副總裁兼總經理領導銷售團隊。這時的舒茲已小有所成，可是他卻在自傳《咖啡王國傳奇》（*Pour Your Heart Into It*）寫道：「我開始坐立不安。也許這就是我的弱點：我總是好奇接下來該做什麼。」也是在這個時候，徬徨的舒茲遇到了命定的品牌「星巴克」。

美國人當時比較習慣喝罐裝咖啡或是沖泡型的美式咖啡。由包德溫（Jerry Baldwin）和波克（Gordon Bowker）共創的星巴克卻另闢蹊徑做起銷售生咖啡豆的生意，並在門市提供免磨豆沖泡樣品讓顧客試喝。沒想

到，咖啡豆意外地受到歡迎，讓星巴克迅速發展出四間分店，銷售情況持續成長。

在舒茲看來，生咖啡豆的市場非常小眾，但他相當佩服包德溫和波克的勇氣，也為咖啡香味折服，花了一年時間終於說服包德溫雇用他擔任行銷總監。

某次公司派他出差義大利，順道造訪當地的義式咖啡吧，發現店主有個共通特色，就是能記得顧客的名字與喜好。他在自傳如此寫道，「我突然意識到，除了咖啡的浪漫和戲劇外，這些咖啡館創造的是一種早晨的儀式和一種社區感。」

回美國後，舒茲建議星巴克也能效仿義大利咖啡店的服務方式，未料包德溫和波克並不認同。舒茲也不氣餒，毅然決然地離開星巴克並創立自己的咖啡品牌 Il Giornale（義大利語為「日常」之意），並套用義大利式的咖啡文化發展「體驗銷售」，果然大受好評而快速發展，並於 1987 年收購星巴克，自此成為星巴克的傳奇 CEO。

🔵 複製繁衍，建立國際品牌

舒茲上任後，星巴克在短短三十年間從西雅圖的地方品牌走向國際，不僅重新定義咖啡的銷售方式，更成為庶民生活不可或缺的生活日常，這一切皆可歸功於其核心理念。

一如舒茲所示：「我們並不是在從事咖啡業，而是在為顧客提供服務。我們是在經營顧客的生活，咖啡只是提供服務而已。」

星巴克打從一開始就不滿足於成為咖啡零售業龍頭，而是著眼於化作

大眾心目中代表「嚮往生活」的品牌。

　　發展初期，星巴克採用在特定區域密集開店、深耕經營的策略，以此增加品牌於一地的可接觸性，從而奠定其前述「都市第三空間」（家和辦公地點以外最常去的空間）的形象。據統計，1990 年代熱衷於星巴克的消費者平均每月光顧星巴克達 18 次，是其他零售企業所難企及。

　　雖然這樣的策略可能減少單一店鋪的人流，但可提升各店鋪的「服務品質」。因此，星巴克始終堅持直營式拓點，努力追求一致的咖啡品質與服務，為此還發展出一套獨特的「垂直化職業發展路徑」。

　　例如，新店鋪的門店店長與管理層常選自既有門店員工與咖啡師，或是從應屆生中招收所謂的「管培生」（management trainees）。儲備店長除要精通咖啡師基本技能外，也要通曉營運管理知識，並在經驗豐富的區域經理和店長帶領下，完成見習考核才可升為正式店長。

　　星巴克的基層員工培訓也相當完備，不僅讓員工充分掌握咖啡知識，也讓企業文化在員工心底扎根，務使其能長久保持對星巴克品牌的熱愛。

　　總結來說，早期的星巴克以「內外兼具」的策略穩紮穩打後建立了紮實的品牌形象。搭配區域擴張策略，當一地的星巴克店數擴增到一定量能後，便可在當地設廠，建立區域供應鏈以降低經營成本，進而提升利潤。在區域擴張的模型穩固後，星巴克正式於1992年上市融資，進入「快速成長期」並漸成為國際品牌。

❸ 在地連結，適應創新

　　為了維持各個連鎖店的社區感與生命力，星巴克成為國際品牌後就在

基本標準的營運模式外創造各種在地獨特性，讓每家分店都有屬於自己的生命故事；首先就是**星巴克「城市馬克杯」**的推出。

星巴克為每個城市分店生產印有城市名稱的馬克杯，讓旅遊各地的朋友拜訪每個城市時都可走進店內消費，同時帶回充滿記憶的紀念品。該系列產品自1994年首度推出，部分國家還自行發展「**區域限定杯**」，至今已經發行上千個款式，熱度依然不減。

經過多年累積，星巴克一直使用城市杯來串連全球事業版圖，賦予消費者無論身處不同國家、不同城市都有造訪星巴克門市的渴望，藉此帶動未來消費動機。

此外，各店面的設計也是重點。星巴克自1991年起開始組建自己的建築設計團隊，讓每間店鋪都因地制宜地展現獨有企業文化。密集的店鋪與具星巴克風格的設計，也讓其幾乎不把精力放在行銷，因為認定「**好的服務打出口碑以及好的設計形塑形象**」，雙管齊下就能讓星巴克品牌深植人心。

隨著全球化發展、國際移動人口增加，星巴克也調整其建築設計策略。除了使用破舊木頭、斑駁水泥地或磚地、金屬凳、工廠式照明、大型長檯、安樂椅和椴木簾的經典設計外，許多店鋪融合現代設計風格與當地特色呈現的地方生活樣態與文化，早已成為重要旅遊地標。長久下來，這些建物都成為眾多城市的地標，吸引許多遊客在旅遊時一定會來拍照打卡、並在臉書上貼文分享，完全掌握流動人口的需求。

如台灣花蓮縣吉安鄉的「洄瀾門市」，從開幕至今一直是許多旅人爭相到訪的地標。門市造型由日本知名設計師隈研吾設計，秉持「循環經

濟」的環保再生理念，以世界各大城市碼頭的 29 個白色貨櫃為主體，堆疊打造出倒金字塔型的四層建築，門市外牆更將每個貨櫃都標記了獨特符碼，記載著過往的運送故事。至於室內設計則保持貨櫃原貌，僅在部分牆面運用阿美族的鮮明、大膽藝術作品點綴，讓在地特色巧妙融入。

曾被票選為全球最美星巴克的則是日本「富山環水公園店」，四面採用透明大片落地窗引進自然光，讓顧客可以舒服地坐在店內或戶外座椅區，感受 360 度視野無屏障的開放感。綠油油的草地與靜謐的湖泊景色相互輝映，到了櫻花季更是浪漫迷人。

回到舒茲的初衷，經歷三十年成為國際咖啡零售龍頭的星巴克依靠的**不是工業性的複製、而是人文性的挖掘創造**。其所販售的也不僅是一款咖啡豆、一杯咖啡、一個可以拍照的景點或是一個特色杯子，而是「**第三空間**」、「**嚮往生活**」和「**城市行旅的記憶**」。

星巴克的體驗銷售之路，成功地讓「咖啡香」融入大眾生活的方方面面，在 75 個國家也在超過 25,000 家門市，成為現代人心中不可或缺的咖啡品牌。

服務業中，許多成功的連鎖經營都是人文創新值得效法學習的對象。他們在追求成長的過程中，堅持「星點閃亮、繁衍共創」的精神，相信每一個星點，都是生命的奇蹟；每一條生命，都值得尊重，可能是其中最值得彰顯的人文創新價值。

陸

認 識

創新的新典範正浮現中，
人本、共生、在地、共創、庶民，
活出人的價值。

從前面各章的案例介紹與概念討論可知，許多新的創新類型正在不同的生活角落出現，讓人看得幾乎目不暇給，這些都屬於人文創新的故事。本章嘗試透過和過去創新案例與理論的比較，進一步釐清人文創新的典範特色。

創新其實並非新鮮事，各種不同形式早在生活周遭有了痕跡。如中國古代傳說的「燧人氏」鑽木取火即可說是人類科學的萌芽，而造紙技術與印刷術的發明則加速了人類的知識傳播與發展。

近兩百年的創新對我們的工作與生活方式產生了天翻地覆的影響，從蒸汽機、鐵路、半導體、個人電腦、手機、網際網路一直到智慧手機皆多源於科技創新，而企業經營者也在經歷一次次的環境革命後掙扎前進，因應變革而與創新共舞。

回顧文獻，創新學術的研究期程不長，如今對創新理論的認識還在萌芽發展。到目前為止，創新發展的脈絡多反映在企業創新的實務發展，而企業創新常是為了生存與成長而須積極回應環境的變化。

本章嘗試整理數十年來的重要創新文獻與組織創新案例，將創新理論的研究發展分為三個階段，分以「創新1.0」、「創新2.0」、「創新3.0」命名，乃因每一階段的經濟邏輯與創新形態差異頗大，期能比較前後創新階段以彰顯「創新典範3.0」的不同所在。

首先依序歸納前兩個階段的環境背景、主要經濟邏輯、創新概念與實務案例，以此開展創新3.0典範的討論基礎。考量文章的可讀性，本文僅列出代表性作者與參考文獻以供參閱。

〔一〕 創新1.0典範分析

（一）創新1.0的環境脈絡與影響

前引彼得‧杜拉克是將創新課題深刻闡述後帶入管理領域的理念大師，他曾在1999年10月號的《大西洋月刊》（*Atlantic Monthly*）所撰文章指出，十八世紀末期發明的蒸汽機雖然帶來了工業革命，大幅提升產量並改善生產效率，使得棉製品價格下降約90%，但產品的本質並沒有太大改變。

杜拉克認為，一直要到1870年左右開始使用鐵路運送貨品後，人類才有了高度的移動能力，心靈視野也不同於以往，此種心靈距離感受的改變，甚至影響了後來的法國城邦統一以及美國西部拓荒。換言之，鐵路的普及才真正擴大了工業革命的影響。

在自動化與鐵路運輸普及後，以大量生產與大量配銷為核心的「工業社會」逐漸成形，大型企業隨之成為工業經濟的要角，經理人的角色日益重要，管理理論也在二十世紀初期逐漸萌芽。

此時泰勒（F. W. Taylor）代表的「科學管理學派」吹響了管理研究的號角，前引由杜拉克在1985年出版的《創新與創業精神》則正式開啟了創新管理的先河。

另位敲響創新研究的開創者是哈佛大學著名經濟學家熊彼得（Joseph Schumpeter），曾在1911年《經濟發展理論》（*The Theory of Economic Development*）一書提出：「創新是一種生產要素的重新組合，具有創業精神的企業家藉由新的生產要素組合打破市場均衡狀況，提高效率、降低

成本也創造出新價值，獲取超額利潤，這是一種創造性的破壞（creative destruction）」，而創新來源可以是「新產品、新製程／生產技術、新市場、新原料或新組織」（Schumpeter, 1911）。

　　熊彼得在其早期研究特別強調創業家的創新角色，認為創業者在機器生產和鐵路運輸支援下，公司的任何創新皆能透過大量產銷而帶來極大利潤，進而有了生存機會。但反之，創新企業創辦成功後若無法持續創新，而只是像其他企業一樣的經營，久之就會失去「創業家」的角色；換言之，創業家代表開創精神而非只是創辦公司。

　　隨著研究推進，熊彼得後期尤其推崇大型企業的重要性，認為唯大型企業才能擁有足夠的資源冒險創新。

（二）1.0時期重要創新概念與代表性案例

　　至今對於創新最常用的分類方式大致是參考熊彼得的描述，包括「技術創新」（產品與流程創新）與「非技術創新」（或稱「管理創新」，如組織、行銷與策略創新）兩大類，許多國際性組織的創新調查，如歐盟「創新調查」（Community Innovation Survey, CIS）的分類則是技術、產品、流程、組織與行銷等。這類創新作為都是新創或傳統企業的重大策略決定，也是創業家精神發揮的具體表徵。

　　Nayak & Ketteringham（1994）的《創意成真》（*Breakthroughs!: How Leadership and Drive Created Commercial Innovations That Swept the World*）一書，曾經精選十四項成功產品與服務的真實故事，都是創新1.0的經典案例，可清楚感受那個時期重要創新實務都發生在企業組織內部，

無論熊彼得、杜拉克或稍後學者的理論課題均是圍繞在「創新與創業精神」、「組織研發創新管理」與「新產品發展與採用」等三方面。

① 創新與創業精神

《創意成真》介紹的案例包括「技術創新」、「產品創新」與「流程創新」等不同類型：

- 在**技術創新**（指生產技術的創新，包括新技術的開發或應用現有技術）方面，如治療胃潰瘍的「泰胃美」（Cimetidine 或TWM）、日本三井石化開發出來的「聚丙烯」（Polypropylene，簡稱PP）、荷蘭飛利浦的CD播放器、美國雷神技術公司（Raytheon）的微波爐與英國EMI公司發展的電腦斷層掃描技術等；

- 在**產品創新**（指企業推出全新或對自己而言是新的產品或服務，以滿足外部使用者或市場需求）方面，如「地中海渡假村」（Club Med）的定點全包式服務、耐吉（Nike）的慢跑運動鞋、新力（Sony）的隨身聽以及美國3M公司的便利貼（Post-it notes）等；

- 在**流程創新**（指採用新的技術或大幅改良製造方法，可能涉及設備或生產架構的改變，也包括配送、倉儲的新方法）方面，如豐田汽車（Toyota）的TPS生產管理制度、聯邦快遞（FedEx）的幅軸（Hub & Spoke）運送系統等，都曾徹底地改變了相關產業的經營邏輯。

杜拉克在前述《創新與創業精神》一書也曾提到創業精神不限於企業，而常出自各類型的非營利組織，創新內涵更擴及了企業的組織創新與策略創新。

⑵ 組織研發創新管理

創新理念初始多源自企業內部，因此除了創業家精神外，組織管理要素（包括組織架構、作業流程、管理作為、激勵方式等）對創新的支持度是關鍵，如3M公司的「便利貼」便是創新1.0時代最常提及的案例。

1960年代末期，3M的科學家席佛（Spencer Silver）在例行產品檢討時出於有趣而做了一個實驗，意外地發展出了新的聚合物「不太黏的黏膠」技術。遺憾的是，這個聚合物並未獲得青睞，因為大家都想發展出可以黏得更「牢」的黏膠，而非「不黏」的黏膠。

此後五年間，3M因為沒有覺得此一技術有任何具體用途而採放任態度，但也不干涉席佛的私下研究，只要他未耽誤正式業務即可。

「便利貼」得以問世要歸功席佛的研究夥伴傅萊（Arthur Fry）。在唱詩班為了方便找到要唱的歌曲，他都會放些小紙條當作記號，但一不留神小紙條就掉得到處都是。某天他靈機一動，想到如能在紙條上塗點黏膠就可解決問題。

這個聯想讓席佛五年來的努力有了一線曙光，最後是另外兩個團隊成員寇特尼（Henry Courtney）和梅瑞爾（Roger Merrill）解決了讓黏膠不會沾得到處都是的困境。他們發明的薄膜使得黏劑可以應用在各樣物體的表面，這就是今天俗稱的「便利貼」。

其實，便利貼的創新源自3M提供了有利環境，包括公司一向支持創新的企業文化，也早就提供足夠資源以及相當程度的授權與信任，讓員工得在正式業務外自由探索。

哈佛大學商學院的艾瑪柏（Teresa Amabile）等人對「組織創新」曾有深入探討，認為領導風格、組織結構、作業程序、環境因素與創新歷程等，都會影響整個組織的創新績效（Amabile, 1987; Damanpour, 1991），而上述3M便利貼的例子可證明其言非虛。

③ 新產品發展與採用

新產品的發展除了有賴組織的創新氛圍外，生產製造能力也須同時考量，U &A模式強調「產品創新」與「製程創新」兩者間的交互關係，對新產品的研究發展極為重要（Utterback & Abernathy, 1975）。此外，企業新產品的發展主要在內部研發部門，因此如何有效管理企業實驗室並確保研發產出達到最佳化，是重要的創新管理課題（Allen, 1977）。

除新產品的發想、研發與製造外，創新如何擴散或採用也是創新1.0階段的重要議題。「創新擴散」領域的代表性人物首推美國學者羅傑斯（Everett M. Rogers），他曾在1962年出版《創新的擴散》（*Diffusion of Innovations*）。除了他個人獨創的觀點以外，該書也整理先前跨領域的創新擴散研究歷史，並提出「S曲線」（S curve）的概念。

所謂S曲線，指創新擴散早期常因使用者對創新的不確定深感畏懼而進展緩慢，一旦產品採用人數增加到10%～25%左右就會快速起飛。擴散管道也會從一開始的大眾傳播（如報紙、電視、廣播等）轉向人際間的口

耳相傳，直到市場接近飽和後擴散速度才又趨緩。

　　羅傑斯也在該書提出「採用者」（adopters）類型的概念，將市場大眾根據創新性區分為「創新者」、「早期使用者」、「早期大眾」、「晚期大眾」以及「落伍者」等五類，每種族群的特性與需求皆有明顯差異，此一概念也成為後續學者討論創新擴散策略的基礎。

　　整體而言，創新1.0階段的時空背景發生在工業革命與鐵路運輸帶來企業大規模生產、大量銷售的時代。創新概念才剛萌芽，而創新動力多來自創業家透過自身成長培養的創新與創業精神而獲取超額利潤的能力，以及大型企業進行內部組織創新研究發展，新產品的研發、製造與行銷是此一時期的課題。

〔二〕創新2.0典範分析

（一）創新2.0的環境脈絡與影響

　　1960年代末期隨著積體電路（IC）發明，1970～1980年代個人電腦問世，個人電腦硬體、作業系統、印表機、隨身娛樂商品如隨身聽等資訊科技產品也不斷推陳出新。在通訊設備方面，美國摩托羅拉（Motorola）第一代行動電話在1970年代推出，隨著通訊技術的進展，行動電話則在1980～1990年代中期逐漸普及。

　　整體而言，得力於科技的快速發展，這段時間的科技突破成為產業成長的最主要動力，成功的企業不但要掌握先進技術，且能將其轉換為有價

值的商品。

知名諾貝爾經濟學獎得主梭羅（Robert Merton Solow）早在1957年就以經濟方程式證明了這點。他說：「科技進步提升了資本與勞動的生產力，成為最重要的生產要素」（Solow, 1957），此一觀點為以「科技創新」為主要動力的「創新2.0時代」揭開序幕。

（二）2.0時期重要創新概念與代表性案例

在此階段，科技創新如何出現以及如何主導產業競爭態勢成為眾所關注的焦點。突破性的科技創新固然讓許多優秀新創事業有機會崛起，卻也造成傳統的一些成功領導企業失去競爭優勢。

企業如何能在科技洪流下持續生存發展，創新研究者曾經提出以下三個關鍵課題。

⒈ 動態競爭環境

在科技創新驅動的時代，新產品的推出速度加快。為區別不同的創新分類與概念，學者將其區分為漸進性創新（incremental innovation）與激進性創新（radical innovation）（Daft and Becker, 1978; Duchesneau, Cohen & Dutton, 1979）。漸進性創新只是針對現有產品／技術的小幅改善，而激進性創新則相對於現有技術有突破性的發展，至少在成本降低或效能提升上有三到五倍的進展。許多早期研究認為傳統企業面對上述激進性創新時，那些不連續的科技創新會為企業的核心能耐帶來破壞與侵蝕，是其失敗主因。

在動態競爭時代，另一個創新的分類是延續性創新（sustaining inno-vation）和破壞性創新（disruptive innovation）。在破壞性創新的概念被提出之前，成功企業常被認為因為核心僵固而無法因應不連續的科技。然而前引克里斯汀生的研究指出，組織價值網才是讓企業一直跟隨主流客戶的價值，無法追求另外的效能構面的原因。

以柯達案例來看，柯達是第一家推出數位相機的廠商，然而這項產品因為不符合主流顧客的利益，沒有受到重視而被擱置。

克里斯汀生說，一項新的科技創新訴求的主要效能如果和現有技術相同，就屬於延續性創新，反之則屬破壞性創新。破壞性創新因為不符合原先主流客戶的價值，很容易在組織內得不到資源而胎死腹中，因應破壞性創新的最好方法就是成立獨立組織來發展這類新技術（Christensen, 1997）。

學者也提出科技循環（technology cycle）和主流設計（dominant de-sign）的概念。一個不連續創新出現時，如汽車（將汽油作為動力源的車輛），市場上通常會有各種架構共同爭取主流地位而持續一段時間。一直到主流設計出現後，創新的努力就轉向小幅改善的漸進性創新，換言之，不連續創新與連續創新會呈現一個循環出現的關係（Utterback & Aberna-thy, 1975; Anderson & Tushman, 1990）。

如何成為產業的主流設計或接近產業標準的地位，特別在涉及實體網絡或強調相容性的科技產品上，對於企業而言是非常重要的策略議題，而先進者優勢與互補性產品則是關聯的重要議題，錄影機規格大戰是這時代其中一個經典案例。

當初日本松下電器（Panasonic）和Sony公司相繼推出錄影機格式，就技術而言，許多人認為Sony的Beta優於松下的VHS。然而錄影機是強調「互補」的產品，因為多數消費者購買錄影機就是為了觀看錄影帶。松下一開始就採開放授權策略，讓市面上有多種能與VHS相容的錄影機。相較於推出單一純格式技術的Beta，松下吸引了較多消費者購買，錄影帶業者也因而選擇生產更多VHS錄影帶。這場涉及錄影機規格的技術大戰，最後因為這個微小差異使得VHS規格錄影機大獲全勝，而Beta則完全退出市場，顯示唯有掌控產業標準者才能成為產業贏家，無疑這是關鍵法則。

⑵ 創新形成一條細緻分工的價值鏈

由於科技進步的速度越來越快，產業生命週期則呈縮短之勢，創新1.0時代依靠大型企業內部研發的方式已經緩不濟急。產業開始從高度垂直整合走向專業分工，各家廠商在本身專長領域深耕厚實，以因應環境的快速變化，如台灣半導體產業早就形成專業分工體系即是一例。如前述台積電在1987年創立全球第一家專業晶圓代工廠，如今業已成為台灣產業的「護國神山」。

此一趨勢隨著專業分工日益成熟與創新速度愈趨重要而更加凸顯，創新 2.0 階段晚期由伽斯柏（Henry Chesbrough）提出的「開放創新」（open innovation）概念，就是此一現象具體註解（Chesbrough, 2006）。

相對於傳統從基礎研究、技術發展、產品設計製造，一直到商品上市，全部過程都在企業組織內部進行的封閉性創新，開放創新強調兩種

不同類型的創新模式，由外而內（outside-in）的開放創新以及由內而外（inside-out）的開放創新。

　　所謂由外而內的開放創新，是指借助外力的創新方法，包括借重外部科學社群、供應商、使用者等力量共同進行創新。在此策略下，如何界定創新的智慧財產權、吸引領先使用者進來、設計互補品等，都是建構完整創新價值鏈重要的策略議題。

　　另一個比較容易被忽略的方法，是由內而外的開放創新作為。伽斯柏指出，在資源有限的情況下，特別是景氣不佳時，企業更應該專注於本業，因此企業可以選擇將公司內部的智慧財產權授權給其他公司使用，或者分拆一部分原本進行的計畫給生態體系裡的其他夥伴或其他外部新成員開發，以獲得額外收益（Chesbrough, 2006）。

　　成功執行開放創新策略的企業不少，其中寶鹼（P&G）是最常被提及的成功案例之一。他們建立了一套開放的創新流程「Connect and Develop（C&D，連結與開發）」，以連結取代研究（Research），同時成功開發出Spinbrush（電動牙刷）、Swiffer（清潔用品）、Regenerist（美容保養品）等重要品牌，使P&G的事業重新恢復活力。曾經擔任P&G的全球事業發展副總裁的魏德曼（Jeff Weedman）就曾說：「我們發明了不在這裡發明（We invented not invented here）」，同時P&G更以成為開放式創新夥伴不二人選的目標前進。

　　另一個嘗試挑戰傳統產業競爭分析工具的創新者，出自韓籍學者金偉燦（W. Chan Kim）與法國學者莫伯尼（Renée Mauborgne）在《藍海策略》（*Blue Ocean Strategy*）的主張，認為透過獨特的價值創新可以打破

現有的價值／成本抵換（value/cost trade-off），企業同時追求差異化與低成本並無不可。其言挑戰了過去波特（Michael Eugene Porter）主張企業只能在差異化與低成本之間擇一的困境，也創造出全新的價值鏈（Kim & Mauborgne, 2004）。

又因基礎科學研究多在學校（大學）進行，而科技產業發展事關國家競爭力，架構國家創新系統（National Innovation System，簡稱NIS）成為重要的政策課題。NIS的議題如：基礎科學教育、頂尖實驗室、產學合作、技術移轉、創新育成、生活實驗、科學園區等，一直深受社會重視。如何在產業層次形塑完整的創新價值鏈，緊密連結基礎科學、應用研究、智財管理、技術元件、商品開發、市場擴散到新事業開展，是複雜的學術與實務挑戰，相關論述亦非常豐富（Freeman, 1982; Nelson, 1993）。

如何讓科技突破成功進入市場，也是創新2.0的重要議題。美國組織理論家墨爾（Geoffrey A. Moore）即曾在《跨越鴻溝》（*Crossing the Chasm*）指出，美國矽谷常可看到許多創新技術出現後，初期獲得創投的支持與大量的媒體報導，最終這些新技術卻失敗了，主因是新產品無法跨越早期使用者與早期大眾間的鴻溝，導致失敗收場。

如前面「新產品發展與採用」一節所提及，早期使用者和早期大眾是兩種不同的顧客群，前者傾向在業界率先採用可造成變革的工具以利一舉超越對手，後者則多著眼於改善現行作業生產力並強化現有體制。兩種價值明顯有斷層，使得早期市場成功者未必能在主流市場獲勝。

墨爾建議，跨越鴻溝的方法須先集中火力於單一市場，在最短時間內發展出完整產品。只有當其成為該利基市場的領導廠商後，才能吸引早期

大眾這群實用主義者，一旦取得代表性利基市場，則在其他市場也能如虎添翼（Moore, 2002）。

⒊智慧資本與知識管理

在科技驅動的背景脈絡下，隨著產業環境快速改變，原本的產業結構與競爭規則早已改變，傳統的產品市場與競爭策略分析顯得不切實際，而由達維尼（Richard A. D'aveni, 2010）提出的「超越競爭理論」（hypercompetition）開始廣受重視，由內而外的「資源基礎理論」（resource-based view，簡稱RBV）（Wernerfelt, 1984; Barney, 1991; Hamel & Prahalad, 1996）則取代了上節所述的由外而內的競爭策略分析。

上引普哈拉與哈默爾（Gary Hamel）主張，企業面對未來競爭的能力並非事業單位或產品的集合體，而是一些不會出現在財報的無形資產，包括技術或技能在內的核心能耐，如工廠管理技能（如豐田的「精簡製造」〔lean manufacture〕）、品牌（如可口可樂）、智慧財產權（如摩托羅拉保護與運用各種專利的能力）等，有的學者將其統稱為「智慧資本」（intellectual capital）。而在科技創新時代，智慧財產的市場價值、法律保護與爭戰，無疑已是這個時期的經營關鍵議題（Teece, 1998, 2000）。

隨著無形資產成為企業動態競爭的關鍵，相關概念與研究著作陸續出現，包括上述智慧資本或無形資產的類型與管理，也衍生出財務會計相關原則的檢討（Stewart & Ruckdeschel, 1998）。

日本學者野中裕次郎（Ikujiro Nonaka）與哈佛大學日裔美籍學者竹內弘高（Hirotaka Takeuchi），曾經探索企業擁有知識的創造歷程，繼而

提出「知識創造螺旋理論」（knowledge spiral model），強調個人內隱知識與外顯知識的互動乃是組織知識管理的基礎，就此開啟了九〇年代末期的創新管理新議題（Nonaka & Takeuchi, 1995）。

三　創新3.0典範分析

時序進入2022年，我們已身處全新的世紀，新科技、新社會、新世代與新的價值系統快速地在生活周遭浮現。這些來自不同面向的動能也正融合交織成為新的時代，本書稱其「智能永續人文經濟時代」，擁有與過去完全不同的生產模式、經營邏輯和創新典範。

（一）智能永續人文經濟時代

未來大師艾文・托佛勒（Alvin Toffler）曾在1980年出版《第三波》（*The Third Wave*），描述人類文明從農業社會、工業社會到資訊社會間所遭逢的急遽轉變。

相對於過去工業社會的大量生產、配銷與大量消費，托佛勒認為第三波社會改變了「大量化」的思維，改以彈性化生產、訂單生產、利基市場與彈性工作時間的做法，生產與消費間的關係也趨模糊，出現接近農業經濟時代「自產自消」（prosumers）特色。

該書也提到，不同於工業時代高度垂直整合的主要思維，第三波的組織機構反其道而行，減少許多功能或將其分包出去而以「虛擬組織」代替；今日看來，這些景象都歷歷在目。

上述這些反工業化現象在2.0時代後期萌芽，到了今天則其現象與趨勢都更明顯，勢必持續在創新3.0時代擴大。而「人」在經濟活動的發言權與自主性亦將大幅提高，本書稱此時期為「智能永續人文經濟」。相關現象在第壹章已有深入討論，具體表徵主要包括以下四點。

⑴ 智能科技融入多元的生活風貌

過去十年，智能科技AI快速進展，在各方面都有長足的改變。AI其實就是「仿真人」的科技作業。

本書作者在第壹章曾經提到，若要檢視一個「人」具有的基本能力，不外乎包括以下幾項：（1）運動與控制，（2）專家推理判斷，（3）持續學習、跨域思考決策，（4）自然語言的辨識、處理與轉譯，（5）情感的知覺、表達與創作，（6）社會溝通協調與信任。這幾十年來，由於科學家與企業的共同努力，AI在各方面均有長足的發展，很多能力幾乎與上述的「人」不相上下了。

由於智能科技與數位網路的普及，廠商的邊際生產成本與交易成本均趨近於零，企業提供的產品或服務亦可完全擺脫工業時代大規模標準生產的限制，轉而提供每位使用消費者完全客製化的要求，讓其有更多選擇權。消費時間地點也更為普及，不僅讓消費者有更大自主性，也帶來更多自由創造、發揮創意的生活空間。

上述智能科技的快速發展可以彈性滿足多元異質的需求，但也快速取代許多原屬「人」的工作、重塑新的生活風貌、帶給使用者幸福感、尋得工作與事業的價值等。這些新起現象如今已經成為新世代經營者的挑戰，

也是人文永續經濟的第一個特徵。

⑵ 自主生計成為可能

在工業經濟時代，生產活動主要依賴機器設備與企業組織，以致個人的工作都需依附組織。

回顧經濟發展史，二十世紀初在工業經濟發展初期，約有百分之五十的人在組織中工作，而到了二十世紀末，此一比率提升到百分之九十以上。每個人的日常工作與休閒清楚地切割，而人的一生也依循學習、工作、結婚、購屋、退休的順序不斷地受到組織牽引而穩定進行，很難有太多個人自主性。

前面提及的組織思想學者查爾斯・韓第，早在1995年出版的《覺醒的年代：解讀弔詭新未來」》（*The Empty Raincoat: Making Sense of the Future*）即曾指出，隨著科技的迅速發展，組織高度分化、制度層疊蔓生、個人的價值均被淘盡，這種現象是人類文明發展以來從未遭遇的窘境。

迎接二十一世紀的到來，智能科技持續快速進步，如自造者的輔助工具設備、電商平台、物流系統、網路社群、雲端技術等相繼問世，加上行動裝置愈形普及，原已僵化的組織社會開始出現翻轉契機。許多個人工作者可以在家完成創作、生產與銷售，也能創造收入、維持溫飽，工作無需進入組織，個人生活也有了彈性。

新世代的年輕人在相對自由富庶的環境成長，擁有很多不同領域的專業，自主的工作環境更讓他們如魚得水，展開異於前人的斜槓人生。彈性

生活更讓工作、休閒與家庭三者可以自主搭配與連結，學習、工作與生活彼此交錯重疊，因而需要重新認識工作與生命的意義。

③ 家庭角色重新浮現

家庭是主要的社會部門，承擔著人類生育、養育與教育的基本功能。在工業經濟時代，一般多採專業分工與大規模生產模式，各類不同機構組織蓬勃發展，取代了傳統家庭養育與教育的功能。小時候的托兒所、幼兒園，長大後學習的學校，成年後的工作地點，休閒時的健身運動娛樂場所，以及年老後的養老院等，佔據了人們一生大部分的時間，家庭角色逐漸萎縮。

傳統的家族以血緣婚姻為依歸，科技發展則讓家族出現了不同意義。學習過程的共同學伴、旅外工作時的同居友人，或是網路帶來的社群朋友，彼此關心問候、信任分享，都已成為廣義的家族成員，在人際互動、急難扶助方面都開始出現新的模式。

然而，科技過度發展也帶來一些負面影響，如科技生產模式引導人口向都會區集中，導致鄉村家園日漸荒蕪，而大型組織制式的工作模式也常造成人際關係疏離。有鑒於此，一般人開始反思生命的意義，希冀過著以「人」為本的生活模式，重新找回生活動力。

2020年以來新冠疫情席捲全球。由於情況危急，許多國家地區採取了閉鎖封城的做法，要求市民在家工作、在家學習，許多支援在家中工作、學習、休閒與健身的服務模式蜂湧而出，解決了日常生活的新煩惱。

這些方便的生活工具讓居家時間大幅增長，也讓家庭角色再度浮現。

即使疫情結束，整個生活模式也不會回到過去的樣貌了。

⑷ 永續社會成為主流

新世代的年輕人重視追求美好生活。由於科技快速進步，人類的物質生活品質得以大幅改善，飲水清潔、糧食充足、交通便利、醫療進步、平均壽命延長（World Bank, 2015; Statista, 2017）。

然而，某些與美好生活有關的重要問題則顯示一些難以改善、甚至有惡化趨勢的社會跡象，包括：日益不平等的財富分配、缺乏優質基礎教育、環境不可持續性，以及缺乏有效且廣泛可及的醫療保健系統等，正待創新的解決方案（Jones et al., 2016; Beirão et al., 2017; Beal & Astakhova, 2017; Mongelli & Rullani, 2017; Kopnina, 2017）。這些問題多屬社會創新者可以努力的範疇（Phills et al., 2008; Lin & Chen, 2016），更是人類追求未來幸福生活的重要總體課題。

在此同時，全球社會價值觀也在快速改變。除了經濟效率與成長外，更重視公平分配、永續環境、歷史文化、在地認同、幸福人生等價值，而反對全球化、大型資本企業與知識專佔的聲音逐漸浮現。

更有甚者，年輕世代要求企業不只是追求經濟目的，更應善盡社會責任、創造社會福祉，更期待未來的工作可以結合個人的興趣與生活、擁有自主彈性的工時安排。

時代的洪流正讓傳統的企業經營面臨重大挑戰。利潤不是企業追求的唯一目標，慈善型的企業社會責任已無法回應社會的呼喊，全面考量環境永續、社會責任與公司治理的ESG指標，成為企業經營的評量基準。我

們可以確信，永續社會、幸福生活已經是現代經濟體的核心共識了。

（二）人文創新典範浮現

上述永續社會、幸福生活其實是種情緒狀態，由個人透過心理和精神來感受，並也透過社會互動產生集體認知（Diener et al., 2010），單憑技術創新與物質生活難以滿足人們對意義、成就和歸屬感的需求。

由此觀之，創新未來必須同時尋求社會、經濟和個人目的之整合，嘗試解決涉及許多不同利益相關人士的複雜網絡。換言之，**未來的創新將從人類美好生活的想望出發，在新科技支持與協助下建構全新的生態系統，提供令人感動也能產生共鳴的服務，實現社會的普世價值。**

在這個脈絡下，創新涵蓋的範疇更加多元。由人文引領下的創新展現在對生命的珍惜（健康）、對智慧的想望（教育）、對前世的尊重（文化）以及對土地的關懷（場域）等四個面向。

除了傳統的產品服務外，教育、學習、運動、文創、傳播、節慶、場域、旅遊、移動、健康、照護、食農等不同生活領域的創新課題更廣受關注；發揚人文精神、追求幸福生活、實踐共善社會勢將成為創新的終極目標。對經營者來說，最大的挑戰則是如何賦予組織經營更為豐富的意義，有效地融合個人目的、經濟目的與社會目的。

換言之，創新 3.0 的驅動力來自人文精神的發揚與人本需求的拉動，並非只是憑藉經營者的利潤與成長動機，亦非完全由科技突破推動。

創新3.0以具有普世價值的主張為號召，有亮點、能感動人心的完整故事為主要藍圖，期能吸引更多成員自主加入，彼此共生共創、共同演

化，滿足使用者各異的需求。

　　創新 3.0 亦非以掌握尖端技術的專利為必要條件，關鍵在於如何善用科技，努力跨越知識（科技）、商業與「三生」（生活、生命、生態）之間的鴻溝，以生態系統來實踐總體的價值創造；這就是人文創新的核心主張。

　　根據本書作者這幾年的研究訪察，如第參章所述，人文創新是「從關懷出發，透過特定人文主張的引領及自我組織的過程，浮現一個功能互補、互動共創、要素流動、共同演化的生態系，滿足各異的使用者，自然繁衍創新亮點」，運用人文生態系視角，觀察教育學習、文化創意、健康照護、地方創生等實務領域，無論從營利或非營利事業的案例，都可以習得與過去完全不同的創新原則。

　　總而言之，人文創新受到理念主張與故事文本的驅動，期盼在新科技和新價值系統的脈絡打造全新生活風貌。它們發生的領域或有不同，但在解析這些創新案例時都需關注「人文」與「生態」兩個課題。

　　而在生態系統中，還可續分出「樞紐」和「星群」兩類主要成員，我們將上述這四個要素統稱為「人文創新的 H-EHA 模式」：人文（Humanity）是創新 3.0 重要的驅動力，而生態（Ecosystem）、樞紐（Hub）、星群（Asterism）則是創新 3.0 以生態系為本的運作樣態，合稱 H-EHA（唸如「he-ha」）。

　　這些在前面各章都已有詳細討論。本章將就 H-EHA 模式和過去策略創新理論進行比較、對話，幫助讀者進一步掌握創新 3.0 人文創新的理論內涵與典範轉移之處。

〔四〕 H-EHA 模式的理論對話

　　創新 3.0的人文創新概念在實務界已可看到諸多有趣或成功案例，但理論方面仍處於發展階段，其脈絡與基礎還不清晰。本書藉由許多實務案例的觀察與跨域理論的文獻探究，以下透過學理對話嘗試為人文創新典範梳理初步基礎。

（一）從資源基礎到人本需求

　　企業經營策略的核心思維在過去二十年是以「資源基礎論」為核心，篤信企業經營的成功關鍵在於能夠有效創造並運用獨特、專屬、不可替代且不易模仿的核心資源。

　　Priem於2001年針對這個主張提出質疑與挑戰，稍後並提出「新需求理論」（2007），引導策略思維從生產供給端轉向使用需求端。他認為，資源價值的浮現在於可以滿足使用者的基本與高層次需求，使用者分析不僅需關注購買者，還要考慮整個家計單位。

　　後續學者的研究更加強調異質多元的需求，以及使用社群的相互影響。Vargo和Lush（2004）提出「服務主導邏輯」的主張，重視使用者在整個服務體驗過程的主動角色，強調服務體驗價值其實是供需雙方所有成員的共創結果。

　　另有學者探究使用者身為「人」所追求的意義，以及意義創新的途徑為何（Verganti, 2006, 2018），顯示需求本質的探究與釐清已經成為符合時代趨勢的重要課題，其內涵須從傳統關注的價格數量需求出發，向新需

求觀點、服務體驗共創延伸，進一步結合人文關懷與意義創新。本書第貳章曾就以上這些課題加以討論。

進一步而言，從人文視角出發，本書提出「人本需求」觀點，認為未來的創新典範必須同時充分考慮所有利益關係人（如顧客、使用者、經營者、員工、社區族群和供應商等）的需求，並理解他們的深層期盼。

人本需求的實質內涵在第貳章中曾經加以討論，本書作者認為，它就像是學校老師對待自己的學生，至少包括以下四項核心精神：

1. **尊重社會每一位成員生而為人的基本權利**，努力滿足其基本需求，包括學習、文化、生活等各個層面，反之眾人嫌惡的事如貧窮、汙染則應力求避免。

   企業創新傳統上是以高購買力的市場區隔為目標市場，忽略有需求但無購買力的零消費市場的存在。如前章所述，普哈拉（2005）曾經提出金字塔底層的商機，而克里斯汀生等人（2020）則呼籲創新者關注目前沒有消費能力的零消費市場的價值，兩者都是從人本關懷出發追求創新思維。

   近年來，前章提及的聯合國永續發展目標（SDG）業已成為普世價值，更是人文創新的重要動能，旨在實踐人文關懷與眾生平等的做法。

2. **以同理心對待每一位使用者的個別不同與多重複雜期待**：每一位使用者都是獨立個體而有不同於其他人的智能、喜愛與偏好，任何選購決策實也隱含複雜動機，經營者要用同理心平等的對待。

3. **相信使用者有主動學習、參與共同創造的能力與動機**：傳統的供需
關係是單一的提供與接受關係，使用者只能被動接受，使其看起來
只是一個標準化的「普通客戶」。

事實上，使用者常也具有主動學習、追求成長的動機，其所擁有的
資源與專業可能遠較提供者還多。因此，消費過程要提供立即回
饋、協助記錄學習的歷程、保留使用者自主參與創造的空間，如此
才能創造更大滿足感，同時帶來更多的創意構想。

4. **激發創新經營者的個人「超越動機」**：人本需求理應同時考量經營
生產者的需求，其多是為了利潤成長而奮鬥，但也常常出現更高的
動機需求。

本書呼應前引馬斯洛晚年所提「需求動機理論」的新觀點，認為有
成就的人往往持有更高層次的需求，希望超越既有名位財富而站上
更高點，讓自己可以看得更深、更廣、更遠，從而尋得生命的意義
感與目的感；這項「超越動機」是創新的泉源，也是社會進步的最
大動能。

（二）從競爭求勝到族群共生

傳統的企業經營多以競爭為前提，以致每個組織都必須在有限的環境
資源裡尋找生存利基。由於市場的相似企業很多，每家企業擁有的資源大
致相似，如何創造獨特差異、卡到關鍵位置，就是競爭求勝的重要關鍵。

在學理上，策略管理學者波特在1980年曾以產業經濟學理論為基礎
提出「結構五力分析」（Michael Porter's five forces model，又稱「波特競

爭力模型」），包括轉換成本、進入障礙（護城河）、移動障礙、相對議價力等概念，直到現在仍是策略思考領域的主流。

　　進入智能永續人文時代，產業的疆界遭根本破除，社會的需求多元複雜，企業經營不但要考量不同利益關係人的價值，也要滿足其異質需求，整個世界在重組中。因此，必須超越個體組織改從整體生態的視角思考，尋找更多事業夥伴兼而創造彼此共生共創的條件，才能充分滿足不同使用者的需求與期待，形塑一個新世界（Adner, 2013, 2017）。

　　在這樣的脈絡下，人文創新關注的範圍必須從個別組織的開創轉移至跨組織的生態系才能成功，蘊含以下幾種改變：

1. **策略目光改變**：在工業創新時代，產品的銷售增加就代表創新價值的擴大實現，需要積極開拓新市場。在科技創新時代，每個價值活動都蘊含了深厚的技術知識，需要透過全球專業分工加速創新時程。

   來到人文創新時代，除了關注使用者在特定時空的需求外，更要深入了解場域特性，賦予周邊資源更多價值與能量，厚植整個體系的生態資本，以體現生態系中各個成員的共生共創。因此，人文創新的策略目光必須從全球轉回到在地。

2. **組織範疇改變**：傳統的組織運作強調分工協調、追求效率，重視組織內部的結構與制度；人文創新生態系統關注的則是各個不同據點的連通流動，隨時關注跨組織的共識與連結。例如：倡議的理念或主張往往涉及眾多團體成員，如要獲得共鳴就不能單獨考慮個別

組織，而須像雨水般地在縫隙流竄，鼓動各個成員共襄善舉才能成功。

3. **目標設定改變**：傳統組織重視階段性目標的達成以及利潤報酬的極大化，而生態思維關注生態系所有成員的長期生存與終極目標的實踐。

4. **成員間關係改變**：傳統組織強調組織的理性化，每個部門與員工都有正式明確的職務規範；生態系統的興盛繁榮有賴成員間的互補共創，每位成員的存在都有獨特價值，彼此間的直接對抗、殲滅對方都無助於生態發展，必須以共生取代競爭。因此，生態系統最需要的是尊重每一個個體的自主性，彼此互動交流共同演化，激發更大的開創力與適應能力。

（三）從指揮管理到軸心樞紐

人文創新生態系統的運作發展同樣須有類似CEO的角色，但其功能內涵與過去的指揮領導管理完全不同。前文曾將這個角色稱為「樞紐」以為區辨，所指就是人文創新生態系的「樞紐廠商」。

本書第肆章曾經深入討論樞紐廠商受到科技社會脈絡的影響，也基於族群共生的目的，必須蛻變為能夠倡議新主張的軸心樞紐，除扮演事業經營者的角色外，在生態系中還要扮演以下幾項和傳統組織CEO較為不同的任務。

首先，樞紐扮演倡議者角色提出某個（些）重要理念主張，串聯相關資訊進行論述，同時透過各種不同展演活動持續宣導傳播，以期動員、整

合所有相關成員的資源。

其次，樞紐要細緻地佈建生態系統的所有活動與行動者，確保使用者期待的每個活動都能運作，而其作為多是從事「跨組織治理」（Autio & Thomas, 2014, 2020）。

第三，樞紐要建立能夠促成各方交換關係的服務平台。為了讓其有效運作，也要設計各種制度與規則，以能形成多個對象不同、交易標的物不同、但有效率的交易市場。為了確保交換關係的順暢永續，更必須要認真經營社群。

第四，樞紐是制度的創建者，需要和周遭的協作族群緊密互動，發展出可以運作的完善制度，促使彼此間形成悠遊自在、自主運作的共生關係。

樞紐在人文創新生態系統的角色非常重要。但因生態系並非正式組織，往往欠缺強而有力的指揮權力，多數時候樞紐像是佈道家不厭其煩地闡述基本信念，更多時候則像是專注、誠懇又低調的服務僕人，以完美的服務留住成員，是典型的僕人式領導。

（四）從內生成長到星群共創

在組織成長邏輯方面，傳統企業追求整體成長，依循潘羅斯（Edith Penrose, 1959, 2009）揭櫫的「企業內生成長理論」（Penrose's Firm Growing Theory），善用廠商內部的剩餘資源以尋覓新的用途，常出現多角化的成長模式（Rumelt, 1984）。

生態系和傳統組織系統同樣都期待興盛強大，但其科層組織緣於領

導中心沒有強大資源，每個系統成員都須維持旺盛生命力、擁有獨特風格、自主生存。這些成員憑藉個體的獨特知識、專業能耐與經營模式而各領風騷，我們已如上述將其稱為「星群」。

由於這些星群直接與使用者連結，多數時候社會大眾與一般客群看到的也是這群閃亮的星星，而非隱藏於其後的樞紐或生態系統，其角色鮮明易見。

另一方面，星群受到大環境的影響很容易成為快速閃亮卻又快速殞落的彗星。究應如何自處，而生態系又該如何持續繁衍新一代星群，是亟待面對的課題。

傳統的加盟連鎖模式將所有新生業務與組織都視為獨立生命個體，除了複製母體的原有DNA外，還期待每個星點都可因應不同場域而適應創新，此即「熟悉性新穎」現象（Sonenshein, 2016）。這種創新成長模式更符合當前年輕世代的價值觀與社群經濟的平等觀，也有利於以開放平台結合跨領域的專業知識，加快創新的腳步，進而有助於整體生態系的成長茁壯，是人文創新常見的成功類型。

〔五〕一個創新典範的浮現

整體而言，「創新 3.0」是以人文精神為軸心的創新生態系統思維，旨在回應智能科技、新世代與新價值系統的環境發展，主要核心要素包括人文精神、族群共生、軸心樞紐、星群共創等四者，可以整合成前述的H-EHA 分析模式。

　　透過以上分析、對話與比較可知，**人文創新的理念脈絡強調「人本、共生、在地、共創、庶民」，確實不同於傳統科技創新的「物性、競爭、全球、專佔、菁英」典範**，應可呼應當前科技社會的環境演變，探究與過去迥然不同的創新典範軸線。

　　人文創新的世界旨在宣揚「人」異於機器工具的本質所在。本書作者在第壹章曾經提到，從目前智能科技發展的進程觀之，至少有四項還會是由「人」所獨有：（1）辨別善惡、慈悲關懷的「靈魂」；（2）超越時空、連結複雜場域的「視野」；（3）主動開創、勇敢實踐的「引擎」；（4）願意成人之美、分享繁衍共創的「光與熱」。

　　這四個特質如果與前述 H-EHA 模式直接對應，它們分別應該是：人文（H）是靈魂，生態（E）是視野，樞紐（H）是引擎，而星群（A）則是廣大使用者可以直接感受到的光與熱；如何有效連結這四個要素，就是人文創新的成功關鍵。

　　人文創新理念同樣適用於營利與非營利組織，不僅可以協助新興組織的發展，也可引導傳統產業轉型，如果善加運用，當有助於當今社會共同形塑美好幸福的未來。

　　值得說明的是，在不斷強調人文越來越重要的此刻，本書無意否定科技扮演的角色，只是科技產品的製造與服務都比過去容易太多。就好像今天家居生活使用的家電設備或廚具對日常生活頗有助益，絕大多數使用者不必刻意關心其研發技術與製造的問題，只需認真妥善的應用。因此，以人為本，清楚洞察辨識需求之所在，建構完整的生態系，才是更大創新的關鍵所在，需要吾人關注。

　　展望未來，大數據、AI、區塊鏈、數位平台等在人文生態系統的發展過程都將持續扮演重要角色，但都會隱藏幕後。反之，由於人們可能選擇的生活方案很多，提供設備的廠商也需要提早參與人文生態系統的建構，可能才是最後成功的保證。

　　最近十餘年來由於科技的快速進步，科技企業經營者亦多有關注「新需求、生態系、開放平台」等課題，主要以科技產業為研究對象，但其理論典範已從過去強調的「優勢競爭」逐漸走向「互補共創」，與人文創新建構的「人文、生態、樞紐、星群」等核心理念若合符節。兩者未來如能妥適融合，不僅是學術典範的創新，當也將是社會組織全新運作模式的開始。

柒

開　創

策展人文、連結創生；
人文創新生態系的浮現是偶然，
也是必然；
有一點點的算計，
更多的執著與命定。

　　前面各章節詳細討論了「人文創新H-EHA模式」的特質。但是任何一個人文創新生態系的開創與浮現都不是一夕可成，需要有心人的長期耕耘才能成就。

　　傳統生態系浮現的觀察與理論發展，多以商業生態系或科技創新生態系為主，較少論及人文創新生態系的浮現與演化。

　　本章嘗試從宜蘭頭城「金魚。厝邊」的實務案例的觀察，歸納成幾個步驟，提供給準備開創人文創新生態系的朋友們參考。

　　人文創新已如上述與科技創新不同，主要驅動力並非來自科技的創新突破，而是因為人文關懷自然產生的動能，其產出往往亦非具有龐大經濟利益的產品或服務。由於欠缺經濟誘因，人文創新常無法在資本主義社會取得必要資源。

　　實際上，人文創新的生產過程牽涉許多不同機能組織與利益團體，須將其有效連結才能讓創新發生。更重要的是，人文創新生態系乃是以人為本，體系內成員要彼此相互認同、接納，才能促成更多信任互動與合作。在此同時，體系生成的場域具有獨特人文地理條件，如何賦予資源新的意義並開創生態系的價值極為重要。

　　因此，人文創新生態系浮現的演化路徑、關鍵點與科技創新略有不同，值得關注。

　　一般而言，開創豐滿厚實的人文創新生態系需要經過六個重要階段，包括：（1）起心動念、策展人文；（2）師出有名（正當性）、確保（活動與行動者）正當性；（3）閃亮據點、啟動生態螺旋；（4）轉譯結盟、擴展行動者網絡；（5）規範同形、共同演化、體制構成；（6）厚植生態

資本、個體族群互利共生。以下詳加討論。

〔一〕 起心動念、策展人文

　　人文創新生態系的誕生通常都來自一位（群）心懷理想的開創者，透過關懷社會的課題來尋找和諧的創新模式以及可以永續運作的經營模式，實踐為人民服務、與人民共享的可持續社會福祉。

（一）出自真誠的初心

　　從本質上講，這是一種企業家精神的人文展現，旨在讓每個人的想望都有機會獲得關照。因此，開創者個人起心動念的初心是否出自真誠，往往是創新是否能夠得到認同支持的關鍵。

　　例如，前述（第肆章）「為台灣而教」的創辦人劉安婷是在台灣出生、成長，隨後出國留學的人文青年創業家。她在美國普林斯頓大學求學時，主修國際發展的教育政策，也花了許多時間駐足非洲迦納由泥土砌出的教室、中美洲海地的帳篷學校、美國的青年監獄、法國巴黎的貧民區以及東南亞柬埔寨大屠殺的遺址等，對人類社會的教育課題抱有很大的關懷之心。

　　有感於台灣偏鄉教育資源不足，她參考非營利性組織 Teach For America（「為美國而教」）模式，於 2013 年回台成立 Teach for Taiwan，招募有能力且具使命感的青年到偏鄉進行至少兩年的全職教學，致力於解決

「教育不平等」的課題，努力為孩童創造平等教育的機會。[1]

　　Teach For America 在全球各地設立同類型的非營利組織，如今業已遍及超過 40 個國家。而在台灣，累計至今 TFT 已送出超過 100 位青年投入偏鄉，影響超過 3,000 位弱勢學童。

　　除了有理想有抱負的個人外，願意為公眾設想的政府部門也可能成為「開創者」，致力於為偏鄉教育募集群眾協力的「鹿樂平台」就是一例。

　　鹿樂平台於 2015 年由教育部國教署建置，目前由政大「創新與創造力研究中心」執行營運，其目的是為偏遠地區學校、民間企業、團體與個人搭建溝通橋樑。透過激勵人心的影像與故事情境呈現偏遠地區學校的人力需求，以擴大群眾參與偏遠地區學校教育事務的意願並提升認同感。平台規劃了「招募報名」、「我要提案」及「儲備志工」等網站頁面，為偏遠地區學校、社會大眾及相關企業團體或非營利組織相互連結。

　　讓偏鄉不再遠，是鹿樂身為平台角色所展現的最大意義與價值。截至目前為止，平台已媒合超過 800 位志工前去偏遠地區學校服務，部分志工也因對偏遠地區學校有深入認識而決定長期駐留擔任老師。也因其公益性質明確，越來越多的企業樂於贊助並參與各種活動，越發彰顯其創新表現與人文內涵。[2]

1　我們是誰，**TFT 為台灣而教**。檢自 https://www.teach4taiwan.org/about/（民 111 年 3 月 8 日讀取）。
2　林志成（民 107 年 11 月 6 日）。偏鄉不再遠，鹿樂平台媒合 800 人前往服務，**中時新聞網**。檢自 https://www.chinatimes.com/realtimenews/20181106002213-260405?chdtv（民 111 年 3 月 8 日讀取）。

（二）以理念、主張、故事、文本為核心

　　人文創新是由人文精神驅動而產生，但起心動念後還要將其精神擴散，爭取更多人的支持才有可能達成目標。換言之，人文創新需要透過強而有力的理念、主張以及滋生的故事與文本形成特定意義，期能引發使用者與協作族群共鳴，進而產生創新成果，隨後帶動組織與社會改變；這裡所談的理念、主張、故事、文本等四種類型，就是最重要的人文表徵。

　　首先是「**理念**」，宗教是最典型的例子，其他包括環境永續、脫貧均富、生命關懷、偏鄉教育等都屬之。相關理念都已形成普世價值而吸引眾多「信眾」，反映了如能提出創新理念且有效實踐就易引起共鳴；如大家熟悉的垃圾清潔袋以及不落地回收垃圾，就是社會認同環保理念所致。

　　在脫貧方面，關心家鄉親人的孟加拉銀行家穆罕默德・尤努斯，設立窮人銀行低利貸款給鄉親，幫助他們取得原料機具、創業脫貧也是典型案例。

　　另如前章提及的，荷蘭為了維繫失智老人生命的尊嚴而設置失智村、台灣南投的王政忠老師基於對偏鄉學童的愛而發展獨特的教學模式等，都是基於個人的強烈信念而產生的創新表現。

　　其次是「**主張**」，是在普世價值下針對某個特殊情境提供的解決方案，如前述星巴克提出「第三空間」、「第四空間」，TFT鼓勵青年學子到偏鄉擔任志工「為台灣而教」等，都是感動人心且能引發共鳴的人文主張。又如，智慧生活、共享平台、有機農業等，也都是善用新科技且具體回應新世代的新主張，產生相當迴響並帶來創新活動。

　　第三是「**故事**」，指過去發生的事，包括歷史、現代人的虛構事物以

及正在進行的人與事，常在民間廣泛流傳而令人難忘，如台灣的媽祖、日本的富士山、芬蘭的聖誕老人村等都是耳熟能詳的案例。

此外，文物古蹟、地方文史、秀麗山莊也都因其蘊含的人文故事而吸引眾人目光進而成為著名景點，創新產出隨之出現。

在現代社會，故事可能轉換成正式的儀式讓人可以體驗、分享，從而吸引更多人親力親為，共同賦予文史、自然、故事等屬於現代的詮釋，這也是另種形式的創新。

第四是「**文本**」，指有系統的文字組合，也就是歷代人物的創作，包括圖書、影音、戲劇、舞蹈、甚至「圖標」（icon）。

在現代社會，文本可以透過多元的加值應用而產生各種不同類型的文創商品，透過多重的傳播管道而感動觀眾，大家熟悉的迪士尼、台灣幾米、佩佩豬（又稱粉紅豬）、金庸小說等，都是具有廣大粉絲的IP人物（intellectual property的縮寫，指「智慧財產權」）。

身為人文創新生態系的開創者，須有能力將這些理念、主張、故事與文本用更動人的方式清楚地述說出來，才能吸引利害關係人（如投資者、消費者），並取得「資源資本」（resource capital，如財務、人力、技術、社會等資本）與「制度資本」（institutional capital，如產業正當性、規範、基礎建置）等，提高新創企業的存活與成功率，兼而創造企業績效與理想目的的實踐。

換言之，在依附文化情境的脈絡下，資源匱乏的開創者在創業初期，可以透過「說出」理念主張的故事文本來發揮文化動能槓桿作用，形塑自身「創業身分認同與正當性」，以獲取創業資本並取得在地支持，促

成有益資源流動（Lounsbury & Glynn, 2001; Baum & Oliver, 1996; Low & Abrahamson, 1997）。

　　從現實社會觀察，人文創新是上述以理念、主張、故事、文本為核心而驅動的創新，均屬著作權範疇，「一源多用」是普遍現象，善用不同載具、不同傳播管道則是創新成功的關鍵。

　　因此，透過適當的詮釋來演化成動人的故事，同時建構能夠引發社會共鳴的意義，是確保成功的重要關鍵。當然，透過各個衍生的星群、載具、傳播管道而形成的共生體，更是人文創新生態系在開創過程中一向關注的課題。

（三）人文創新開創者就是「策展人」

　　傳統上，「策展」（curation）指「策展人」（curator）適當地挑選、組合博物館或美術館蒐藏的物品並建立其間關係後，所呈現的具有特定意義的展覽；策展人在此過程扮演了關鍵角色。

　　「策展人」一詞來自拉丁語 "cura"，意指「治癒」，最初用於指涉照顧文化遺產的人，在博物館相關領域常扮演具備高度知識、經驗或教育的角色，負責多面向的策劃任務，包括研究獎助、詮釋展演、採購收集、使用處置及其他複製衍生等相關活動。[3]

　　除了博物館與藝術品的實際展演，隨著科技的進步，策展概念開始與

3　呂佩怡（民 102 年 10 月 1 日）。策展（curating）／策展（curation）？**國藝會線上誌**。檢自 https://mag.ncafroc.org.tw/article_detail.html?id=297ef722719c827a0171aad1b4b6001d（民 111 年 3 月 8 日讀取）。

理念、主張、故事、文本／ IP

圖7-1：人文創新生態系的湧現生成

「數位資料」連結，強調透過良好的基礎設施來匯集各種技術和管理資
源，以保存珍貴的數位資料，有其可信任性、效益性、可發掘性、異質性
與複雜性。凡是擁有資料處理與管理權力的樞紐，其重要性不言可喻。

　　從單純的藝術品蒐集、組織到價值判斷、評價與選擇，策展持續擴散
到其他領域，如媒體產業也以內容搜集、選擇、評價、分享等活動為主而
有類似討論，「社會策展」（social curation）概念尤其廣受矚目。

　　社會策展指人們透過其人際網絡散播、行銷有趣或相關的內容以引領
或影響同儕，與「口碑」（word-of-mouth）行銷不同，更為強調從個人
媒體消費到網路運作。社會策展人過濾訊息、提供內容並給予評論，讓某
個觀點得因逐漸積累而產生意義變化（Villi, 2012）。

　　「立方計劃空間」創辦人鄭慧華（2009）曾以「策展1.0」與「策展
2.0」來區分不同世代的策展觀念，前者指策展人提供個人見解而由藝術

家提供作品，展覽軸可視為規劃好的花園，觀眾僅是受邀而來。

　　至於策展 2.0 像是由策展人提供一畝肥沃土地任由各方參與者撒下種子，最後的花園樣貌係由參與者共同決定。也就是說，展覽實為平台，參與過程強調「互動」特質，期能體現現實生活的社會網絡與社會關係，從中針對特定議題展開討論或辯論。[4]

　　綜合而言，透過持續的論述，策展的定位正不斷擴大，如今已成為多面向、立體化且包含時間、空間、人的展覽製作，透過想像力對既有當下社會批判、反思、再詮釋，並生產新感性、新知識或新文化（呂佩怡，2013）。

　　日本自由撰稿人佐佐木俊尚（2012）曾經提及策展是「從如恆河沙數的資訊洪流中，基於策展人的價值觀與世界觀淘選資訊，賦予新意並與眾多的網友共享」，顯示其關鍵就在**創造情境、找出脈絡、分享串聯**。

　　在社群媒體平台，許多資訊社群不斷形成，而為資訊賦予脈絡、創造情境的策展人可以與這些社群連結，並提供「觀看世界的方式」；這就是「觀點」，而「提供觀點」的行為就是策展。藉由策展讓為數眾多的跟隨者接收資訊並產生共鳴，再不斷地重組、更替，形成生生不息的新趨勢。

　　人文創新生態系的開創者必須扮演好策展人角色，如經營知名網路知識平台 TED 的媒體創業家克里斯・安德森（Chris Anderson），在 2002 年以 2,000 萬美金將 TED 納入自己成立的「種子基金會」（The Sapling

---

4　鄭慧華（民 98 年 8 月）。Back to the Future：獨立策展中的趨勢和傳統（兼談策展 2.0），**藝術與社會**。檢自 http://praxis.tw/archive/back-to-the-future20.php（民 111 年 3 月 8 日讀取）。

Foundation）運作，並在該年的TED大會向追隨者說明從營利轉為非營利的動機。

在該演講中，安德森定義自己為TED策展人，除了保證維持TED原有風貌與核心價值、勾勒未來發展願景外，也強調將把TED大會產生的各種想法、成果與共識透過種子基金會實踐。

從創立之初，TED的核心理念便是 "ideas worth spreading"（值得分享的想法），原始創辦人理查・伍爾曼（Richard S. Wurman）認為優秀的思想可以改變人們對這個世界的看法，從而反思自己的行為並為實現某個偉大理想而共同努力。

這樣的精神透過倡議、展示與實踐後，廣泛地得到大眾認同，以致TED從原為私人團體的小眾聚會逐步發展為一年一度的大會，而原本只有菁英聚會才能得到的知識，現在藉由開放式平台讓世界各地的人都有機會學習。

如今TED不再只是處在金字塔頂端的人才能擁有的專有權力，更縮短了菁英與庶民之間的知識鴻溝（knowledge gap），而社群媒體的成長更將其推向新一波高峰，接著踏入出版、教育等更多元領域。

〔二〕師出有名、確保正當性

在人文創新生態系的初始階段，具有普世價值的人文倡議與展現固是創新啟動的關鍵，啟動者本身的條件與誠意表現以及其所選定的初始活動，無疑也扮演重要角色。

　　換言之，在初始階段行動者以及其所選取活動的正當性非常關鍵，前者取決於行動者個人的財富或專業能力、民主協商的過程與社會聲望，後者的決定因素則是活動參與成員的回報與對整體社群的貢獻；如果兩者都能兼顧，就容易踏出成功的第一步。

　　以下簡述宜蘭頭城「金魚。厝邊」創始者彭仁鴻的故事，讀者兩相對照應可有所啟發。

（一）發掘在地新價值

　　彭仁鴻是宜蘭頭城人，大學就讀台大歷史系，社團活動經常擔任支援連結的角色，曾參加服務性社團為偏鄉募款新台幣三百多萬元，並在大專蘭友會策劃活動讓同學對家鄉產生認同感。畢業後，彭仁鴻推甄考上清華大學服務科學研究所。

　　研究所畢業後，他因擔任「研發替代役」而參與政大推動的「經濟部區域智慧資本三年計畫」，回到家鄉頭城負責聯繫、推動宜蘭縣政府、經濟部、政大三方的產官學合作。在這三年中，他重新探索宜蘭頭城、挖掘家鄉風情，也反思青年返鄉議題以及自己對家鄉的認識。

　　這個計畫團隊有十八位來自不同領域的教授共同構思整個宜蘭的未來，也讓他有機會思考如何善用地方角度，掌握資源、連結關鍵人物、合作夥伴、契機、活動等，順利推動鄉鎮的新風貌。

　　在研究專案中，彭仁鴻負責撰寫協助宜蘭文化產業的報告，也曾進行地方「蹲點」。為了深入認識宜蘭的社區總體營造與在地文化產業，他下班後到宜蘭社區大學旁聽社區總體營造跟社區規劃師的課程。結業前，社

區大學邀他參與一個為數僅三萬元的簡易實作方案，得有機會拜訪在地創新的實踐者如賴青松、黃春明老師，分別從教學、服務、研究等面向慢慢地結合了社區規劃的理念和理論。

（二）催化青年返鄉

2014年7月29日，彭仁鴻協助縣政府成立「宜蘭縣青年學院」。在大學時期服務蘭友會過程中，他發現家鄉年輕人很難每週返家從事地方參與，因此嘗試將地方知識轉化為社群，也就是透過地方知識建構、連結回鄉青年及在地人口的社群，希望找到一些因為孩子教育或個人工作等不同原因定居宜蘭的人，一起做些有趣的事，共同勾勒夢想去凝聚更多不同領域的家鄉同好。

12月，彭仁鴻聯合劉雅倫、方子維、陳鼎儒與陳羿帆這些對宜蘭懷抱熱情的夥伴成立了「丟丟銅青年協會」。他們來自各行各業，關心議題範圍多元，但都因身為宜蘭人的使命感而想要為宜蘭做點事，打造一個青年願意回鄉的環境。

彭仁鴻後來以「看見頭城新希望」計畫向文化部「青年村落文化行動計畫」爭取補助並榮獲第三名，開啟他在頭城的序幕——「亭仔腳的餐桌」，在老街的亭仔腳設置餐桌，並且連結「頭城家商」餐飲科同學一起製作頭城社區的故事料理十道菜。

例如，有「蘭陽第一筆」書法的康氏家族以前也是製麵廠，一道海鮮墨魚麵上菜前先請康家後人吟唱詩詞並現場揮毫，再把康家的發展故事透過詩詞與視覺、聽覺、嗅覺、味覺和觸覺等五感連結在餐桌呈現。這個活

動也獻上 50 份佳餚供「宜蘭家扶中心」的孩子及當地居民共享，以青年的力量發掘頭城的新價值。

由於《動腦雜誌》的社長是頭城媳婦，2015 年 3 月由丟丟銅青年協會、動腦雜誌、頭城鎮公所共同主辦的第一屆「創意論壇」在頭城舉行。這個論壇鼓勵年輕人盤點地方 DNA 後向鄉鎮長提案，試著促成回鄉青年組成團隊和鄉鎮市公所合作以形成「學習圈」，同時思考各鄉鎮的區域風土特色該如何轉譯地方產品或相關服務，使其產生跨域合作的可能性。

從上面看似瑣碎的陳述中，讀者可以知道彭仁鴻出生於頭城且長期在地方社團服務，對在地持續關心與付出。其後出外求學取得專業能力，累積了一些社會聲望，所推動的各項專案也都得到同儕的支持，確保了前述「行動者」所該有的正當性，使得後續工作的推動都能師出有名。

三　閃亮據點、啟動生態螺旋

誠如前述，人文創新生態系是一個由眾多成員所組成的複雜系統，要讓所有的成員同時到位是一項困難的挑戰，因此，尋找一個適當可掌控的地方切入，努力的將其做到完美，成為一個可以展現的閃亮據點，然後再以這個據點作為槓桿之點，啟動整個生態系像螺旋般的旋轉擴大，就成為人文創新生態系開創初期的重要策略。法國社會學大師布魯諾·拉圖爾（Bruno Latour）說，「給我一個實驗室，我將舉起全世界」，就是這個意思。

在彭仁鴻的故事中可以清楚感受到，初期活動和據點選擇對整個生態

系的發展有極大影響。

（一）頭城老街文化藝術季

　　每年台灣各地都舉辦特色各異的藝術季，像「竹塹玻璃藝術節」、「苗栗假面藝術節」、「台中爵士音樂節」、「宜蘭童玩節」、「澎湖花火節」等不一而足。依照各地推出的活動內容，大致可歸為幾類：

- 第一類是傳統文化活動，如宜蘭縣頭城鎮的「搶孤活動」、台中市大甲的「媽祖遶境活動」；
- 第二類是原住民族的慶典，如「阿美族豐年祭」、「達悟族的飛魚祭」；
- 第三類則是根據地方自然景觀或產業而由政府或民間團體推廣的新興文化活動，如「平溪天燈節」、「新北耶誕城」、「竹子湖海芋季」等。

　　在這些節慶活動中，「宜蘭童玩節」給了彭仁鴻舉辦「頭城老街文化藝術季」的靈感來源。在前述籌備成立「宜蘭縣青年學院」過程中，他發現職人技藝面臨失傳，便與「丟丟銅青年協會」攜手號召開辦「頭城老街文化藝術季」（以下簡稱「藝術季」），致力於頭城文化和藝術的創新與傳承兼而行銷老街，讓更多青年樂於回鄉打拼。

　　彭仁鴻認真研究已經行之有年的「宜蘭童玩節」，發現其並非為了營利舉辦，而是期盼能透過節慶的凝聚力帶動周邊效應，因而設想：假設也

能在宜蘭外圍的頭城於暑假舉辦藝術季，看看能不能吸引一些人來。

　　沒有選擇頭城知名的傳統活動「搶孤」為出發點，影響了後來彭仁鴻事業的發展。他認為歷史脈絡的痕跡已讓搶孤活動深植人心，負責參與推動的組織團體也已成熟。為了讓地方增加更多不同風貌，他選擇結合國際與藝術人文的元素，開始勾勒第一屆「藝術季」的藍圖。

　　因為社區大學的鼓勵，彭仁鴻申請到2014年的文化部「青年村落文化行動計畫」。經費既已有了著落，就與「丟丟銅青年協會」一起召集志工完成2015藝術季的籌備工作。

　　為了這些志工，他還利用大學在服務隊募資的專長拜訪在地耆老，並在粉絲專頁宣傳，向當地商家募集食宿，為志工安排好生活所需。再透過培訓為每位志工找到相對應的專長工作，於七月份展開為期一週的精采活動，包含「知識王」與「美食王」挑戰賽、青年培育工作坊等。

　　藝術季最為吸睛的作品，就是讓在地藝術家與國外藝術家兩兩搭檔的在頭城駐村一週共創獨特作品，包括：

- 頭城知名「康家書法」第二代康杰與義大利藝術家Tommaso Muzzi在康家古宅合作定格影像書法；
- 康家第三代康懷與美國影像創作者Cameron Hanson在「康懷工作坊」創作新素材玻璃與影像呈現書法；
- 頭城版畫家劉雨芬與加拿大噴畫藝術家Dan Paier在「小鎮生活」共創；
- 泰國藝術家Jiandyin用藝術凝聚社區居民，與頭城鐵工廠老闆徐宏

達合作，對頭城社區調查後完成七艘「行動古船與行走的龜山島」
的藝術創作；

・鉛筆馬丁（黃興芳）與厄瓜多畫家 Theo Marmolejo 在頭城老街共創
的六幅壁畫。

其中，鉛筆馬丁與 Theo Marmolejo 在頭城老街的壁畫尤其上鏡。他
們使用壓克力、簽字筆、噴漆等彩繪，以透視方式重現牆後的蘭陽平原風
采，從老街頭走到尾，像是經歷了頭城的時代演進。鉛筆馬丁說，他想用
自己的方法找到回家的路。

在老街的創作過程最令人感動的是，一開始他們挨家挨戶地詢問牆壁
能否作畫，居民多抱持著不太理解的觀望心態，後來卻陸續送來涼水、點
心，關心烈日下工作的馬丁，甚至樂於成為「文史達人」主動分享頭城的
故事。後來他們還想偶爾加入並畫上一筆，親自注入當地的生活元素，讓
馬丁順利完成頭城老街壁畫。

第一屆藝術季的活動雖然沒有造成媒體上的熱潮，但是活動中所有的
元素充滿巧思，也都是彭仁鴻可以掌控的部分，同時吸引地方朋友高度參
與，為後續的藝術季活動奠定了良好基礎。

（二）「金魚。厝邊」工作室

除了藝術季外，選擇老鎮長邱金魚先生的古厝為工作基地是另個重要
的決定。擔任頭城十年的老鎮長邱金魚先生一生充滿故事性，日治時期曾
是軍伕，經歷在澳洲北方的新幾內亞島十七個月沒吃半粒米的生活，只能

靠自己求生。生還之際立下口願要回饋社會，並在回憶錄裡提及領導者不要輕易發動戰爭以避免傷及無辜。他特別關懷鄉親需求，是位好鎮長，行誼令人尊崇。

2015年9月，彭仁鴻從軍中替代役退伍，正在思考未來發展路徑時，得知邱金魚鎮長的老屋打算改建為停車場。這棟老屋不南不北，就座落在頭城老街正中間的中庸街。彭仁鴻在社區大學的夥伴楊樹仁老師引薦下認識了現在的房東，也就是邱鎮長的二兒子邱肇基先生及大媳婦邱陳淑宜女士。經過一番思考後，彭仁鴻毅然地決定承租這間承載著獨特記憶的老屋，也討論好要整理、呈現屋內的古蹟、匾額，延續老鎮長與大家做好鄰居的服務熱忱來做社區營造，並將其命名為「金魚。厝邊」。

這間工作室如今已經成為當地的資訊站與工作室，也在邱肇基先生的協助下，彭仁鴻一邊聆聽頭城老街的故事深入挖掘史料，另也邀請台灣大學「領導學程」的同學攜手改造，因而成就了今天扮演在地資訊連結的角色。2016年6月，彭仁鴻進一步成立「蘭城巷弄有限公司」，為後續的計畫案申請提供公司型態的管道。

老屋分為新、舊兩棟，新棟是藝術文物和故事的展示場，讓來訪旅客得以了解頭城的風采文化。舊棟一樓用作講堂教室，既是籌辦活動的空間也是課程舉行的場所。舊棟二樓是工作室，希望打造成創客（自造者）的空間及職人體驗教室。

客廳服務台是老鎮長接待里民的場所，現在則有頭城插畫家鉛筆馬丁繪製的頭城老街地圖，旅人可將此處當作旅遊「借問站」，拿份簡介後展開旅途。

　　「金魚。厝邊」除了整合行銷與策展活動以讓遊客更了解頭城外，冬季淡季也依職人店家所需邀請老師授課，平時則是青年培育、社區共學的場所。

　　承租老鎮長的房屋後，彭仁鴻在頭城老街有了落腳之處，和地方的關係更加密切。2016年9月開始，他透過由前述文化部「青年村落文化行動計畫」獎勵的「口述歷史工作營」，與在地父老鄉親和青年朋友凝聚更多共識，同時透過「故事憶棧」的活動體驗及口述故事，讓眾多親子也有機會共同參與、探索頭城。

　　為使年輕人有更多機會了解頭城的現狀、重新認識這個小鎮，彭仁鴻花費近一年時間蒐集地方青年與耆老的故事後發行了《青銀誌》，把頭城的故事說給年輕人聽。

　　藝術季的成功舉辦讓彭仁鴻有了閃亮的經歷，而「金魚。厝邊」工作室的設置更讓這些活動有了定期展示的據點，完整了彭仁鴻與頭城的連結關係，也讓頭城人文創新生態系更具生命力。由此整個生態系開始轉動，共同傳承頭城的傳統文化，也為頭城帶來無比的創新動能。

（四）轉譯結盟、擴展行動者網絡

　　在人文創新生態系的發展過程，除了個人持續投入外，還須號召更多志同道合的朋友無私投入，在成形的閃亮據點繼續擴展，才能讓整個生態系像螺旋般地向上旋轉。由於參與者個人的動機目的與條件不同，因此必須針對每一位不同的參與者，將既有的基礎與整個生態系的目的主張，進

一步分別加以詮釋轉譯，才容易得到認同與合作的機會。

轉譯（translation）是法國社會學者拉圖爾所提的「行動者網絡理論」（actor-network theory，簡稱 ANT）的核心概念，強調創新者須嘗試創建一個論壇（forum，即中央網絡），經過適當對話讓所有參與者都認為該網絡值得建設並給與保護。

在轉譯過程，通常會經過四個節點：**問題化**（problematization）、**權益化**（interessement）、**盟友的招募**（enrollment）和**動員**（mobilization）（Michel Callon, 1986）。

（一）地方創生

2016年，「丟丟銅青年協會」與彭仁鴻再度申請文化部「青年村落文化行動計畫」，源於上一期計畫案成效表現優異而順利取得補助。

這一次他選擇的主題是「記憶，技藝」。在技藝方面，他認為讓年輕人繼承家業或是學習傳承老一輩的工藝，能為傳統文化技藝賦予新生的可能性。於是決定辦理「口述歷史工作營」，讓二代青年以發現的家族歷史為基礎，發掘自己未曾看見的價值。

在記憶方面，則舉辦「故事憶棧」活動，讓老藝術家、老技藝者講出他們的故事，並讓親子參與以體驗頭城文化。

透過上述兩個活動，他挖掘了諸如放棄城市工作回家傳承打鐵工藝的設計師、三代傳承的「阿公蛋餅」，還有繼承家業的紅糟鰻魚店老闆等地方青年及耆老的故事，接著發行《青銀誌》，並以此為基礎選出「頭城漁業」、「廟宇大神尪文化」、「女紅拼布」、「木雕技藝」等主題來策劃

這一屆的藝術季。

到了2017年，「丟丟銅青年協會」的夥伴已各自發展，彭仁鴻則決定專注於為頭城創造關係人口，於是轉由「蘭城巷弄有限公司」申請、承接青年村落計畫，舉辦藝術季主題「巷弄裡的那戶人家」微展（或The Way We Live），以在地故事為主軸，透過策展呈現彭仁鴻三年來深入頭城老街累積的成果。

彭仁鴻同樣先籌辦「巷弄裡的那戶人家共學團」，讓這些職人們彼此交流，接著蒐集大家的頭城記憶，並將這些在地生活經驗轉化為故事，構建出「新頭城」的風貌與生活願景。

這次參與的十戶頭城人家包括康懷工作坊、鉛筆馬丁、啟文木藝坊、和發鐵工廠、德安堂中藥房、添大興業、舞涼麵、Play木房子、喬治衝浪與頂埔集蘭社等，有老頭城人的家族歷史記憶，也有庶民職人的不凡技藝，遇上新頭城人的創新精神。七月正式展開的藝術季活動則包含「地方創生」論壇、露天電影院、勁青市集，集結超過四十個文創攤位響應，並有國內外表演團體的表演。

2018年第四屆的藝術季是經過五十幾家店家的訪談後，挖掘出八位「斜槓職人」來參與：雞肉攤老闆娘楊美華也是工筆畫家、中藥房老闆娘賴淑真是拼布畫奇才、座落於檳榔攤的藍文萬是木雕大師、國術老師林建宏是製香職人，特教老師俞靜如也是心靈畫家、書法家康潤之是多媒體設計師、鉛筆馬丁老師同時身兼插畫家、作家、動畫業師。

這一年的藝術季主題為「巷弄裡的草根生活」，串聯一百間「頭城勁厝Way」店家，透過展覽、工作坊、小旅行帶領遊客一起遊街串巷，找尋

與體驗老街裡的草根生活與動人故事。

（二）連結深化

　　到了 2019 年，彭仁鴻發現近年來有越來越多外國人生活在這裡，有些是過著兩地移居、每日往返台北與頭城的上班族，還有因為喜愛衝浪進而定居開店的創業生活家，也有一些因學習華文或為了宗教實踐而定居下來。美國人、巴西人、義大利人、阿根廷人、紐西蘭人、德國人、香港人、南非人都有，可說是一個「國際地球村」。

　　於是，他就以外國人「移居。宜居」作為第五屆藝術季的核心議題，策劃了二檔展覽、二場生活風格講座、二場小鎮散步趣、三場生活風格品味養成工作坊，以及由定居頭城外國人所演出的「你懂不懂音樂會」和懷舊一下露天電影院，這次藝術季總計包含移居頭城外國人和在地斜槓職人共十三位參與。其中，「你懂不懂音樂會」由阿根廷音樂家 Musaubach（明馬丁）、義大利歌手 Giovanni（吳子龍）和頭城土生土長的創作民歌手楊肅浩攜手在開蘭媽祖廟前開唱。

　　對彭仁鴻而言，辦藝術季的目的在於挖掘在地價值，凝聚社區共識、發起倡議，進而連結及深化關係人口。彭仁鴻說：「藝術季的精神在於『對話』，原來完全沒有交集的兩個人，因為攜手合作而成為好朋友，金魚厝邊的小鎮也多了盟友，我們的在地生活圈就這樣一步一腳印、很精實的累積起來。」[5]

5　【地方創生】從區域創新到教育創新，金魚厝邊如何活化頭城？（二），**科技生活**。檢自 https://www.techlife.com.tw/Article/35496（民 111 年 3 月 8 日讀取）。

　　透過藝術季一次次的動員，可以讓生活在頭城卻彼此不相識的夥伴，如在地既有的職人、一些為子女教育而移居的家長社群，以及喜歡衝浪生活搬到頭城或是在頭城創業的國際友人，開始產生連結與互動，並創造新價值與認同感，以重振頭城小鎮的活力。

　　一般來說，藝術季是個平台，藉由活動吸引大量觀光客湧入。但彭仁鴻希望反向思考，先藉由藝術季凝聚共識，與在地人彼此了解、溝通。

　　每年一至三月在布局整體戰略後就開始尋找藝術職人，一些並非藝廊的藝術家而是富有故事性的地方藝術家。透過拜訪、打聲招呼、見面聊天，而後邀請參與七月份的藝術季。遇到沒有意願的，會去了解原因，而成功受邀參與的，就陪伴他們進步。

　　這個臥虎藏龍的小鎮創新氛圍因而慢慢建構，形塑了在地職人的巷弄生活，也從有關他們的故事裡挖掘許多素材。這些故事多來自他們對地方的感受，也從日常生活逐漸浮現。

　　彭仁鴻認為：「頭城最有趣的就是這裡的人。頭城人很有趣，從吳沙開墾，明清時期的噶瑪蘭人、一直到日治時期的政治家、文人，都有一種生活態度，深具國際潛力。我們想要把這些事情談清楚，形塑成一種印象，然後變成一個品牌。」

　　彭仁鴻成功地運用藝術季為切入點，透過適當的轉譯，一步一步地串連在地職人到巷弄創作、跨域合作，再到國際藝術家參與。經過持續的動員連結，行動者網絡不斷擴大，藝術季幾乎已成為全頭城人的活動，「金魚。厝邊」由此躍身成為地方交流的平台。

［五］ 規範同形、共同演化、體制構成

一個新創的生態系如果要持續發展，還是**要和原有的規範體制找到一個和諧共生的形式，彼此共同演化，才能永續**。

彭仁鴻前幾年的付出，從一開始被認為與過往團體一樣不會在頭城待太久，到今天仍堅持致力於頭城的共好，多年深耕後已被政府與當地居民認可。

為了要讓整個人文創新生態系發揮更大的影響力，他也開始讓相關活動可以更加融入政策與體制，同時融入國際網絡。

（一）融入政府政策

2018 年，行政院國家發展委員會推動「設計翻轉、地方創生」示範計畫，旨在「藉由盤點各地『地、產、人』的特色資源，以『創意、創新、創業、創生』的策略規劃，開拓地方深具特色的產業資源」。

受託的合圃工程顧問公司為了城鄉風貌與小鎮的整體設計，特意來到頭城找到「金魚。厝邊」合作，希望把其過去的創新經驗延伸到位在頭城老街北邊約二十公里的「石城漁港」，彭仁鴻於是開始致力於該地「五漁村」的規劃改造。

彭仁鴻每天從老街開車來回漁港，協助將老街的重啟經驗擴散到漁村並設置「漁村講堂」，透過訂製漁網模型、樂高模擬捕魚村區域等活動形塑地方特色，並於八月舉辦「頭城嶼海故事節」。2019 年，合圃的另個建設案也找彭仁鴻合作，擴大設計整個頭城的城鄉風貌。

（二）融入地方教育

「金魚。厝邊」於2018年開始走入教育。彭仁鴻先是受東吳大學商學院的商請開設「地方創生事業經營管理與實作」、「創意產業經營專題與實作」與「在地經理人實作場域見習」等課程，讓大學生能利用自己的企管行銷知識協助地方發展。課程的規劃，是從回鄉人才支持系統著手，藉此培養更多在地「經理人」。

彭仁鴻隨後接任東吳大學「企業創新育成中心」執行長，為人才培育持續盡心盡力，透過增加對地方工作的理解來建立觀念，再到體驗在地甚至採取行動成為地方人才生態系的一員。

他除了想讓更多青年利用設計思考、prototype（原型）的觀念來規劃職涯或人生外，更希望邀請他們參與回鄉工作，提出具有在地特色的創業實作提案。

國發會將2019年訂為「地方創生元年」，而教育部青年發展署的「Young飛全球行動計畫」也鼓勵青年組隊提案赴海外參訪國際組織，回國後聯結海外參訪經驗及見聞執行永續行動方案。彭仁鴻此時即以執行長的身分擔任團隊活動長，帶領東吳企管系、資管系及日文系學生組隊至神話般重生的日本神山町參訪交流。剛好《今周刊》邀請了該地的大南信也先生到台東縣政府演講，因緣際會下彭仁鴻帶領同學一起向他請教問題，也約定訪問日本時請他導覽。

2019年，政府推行「108課綱」，課程不再只是知識授課而更注重跨領域學習，以期培養解決問題的能力。因為持續累積在地知識，彭仁鴻知道如何讓年輕人增進對地方文史的理解，也清楚108課綱推行的內涵，因

而多次受邀到頭城國中分享在東吳大學開設的地方創生課程，希望讓孩子對家鄉有更多認同。

次年彭仁鴻持續在108課綱的「在地鄉土」、「地方文化」、「家鄉認同」等面向貢獻心力，如協同康潤之老師到大里國小進行PBL（問題導向學習，problem-based learning），以其實務遇到的問題鼓勵學生小組討論，讓頭城在地文史和語文、美學素養教學結合，藉以培養學生主動學習、批判思考與問題解決能力。

如今為了讓更多頭城的幼苗了解在地的美好歷史以及「金魚。厝邊」的故事，彭仁鴻已經受邀固定在頭城國中新生入學時帶領課程，也在頭城的國小透過學習單的方式協同在地職人一起授課，希望能延伸人才的培養並從小扎根。

（三）融入國際網絡

2019年7月，彭仁鴻與學生至日本神山町參訪大南先生的活化神山領頭羊組織「綠谷」。該地也有藝術季，每年都邀國內外藝術家駐村，透過這些活動「引誘」適合該地生活習慣的人定居。也因此次交流，彭仁鴻開始考慮對接未來教育旅行的可能性，期能傳承跨國經驗。

日本參訪交流的最後一天，彭仁鴻搭機飛往東京與日本最大地方創生展INSPIRE的創辦人見面。這次會面也讓「金魚。厝邊」在2019年10月受邀前往分享經驗，成為全場唯一來自台灣的團隊，因而認識了許多日本地方創生的實踐者。

「金魚。厝邊」其後又開啟了多次與日本地方創生的交流，如東北宮

城縣二十幾位鎮長前來參訪時，彭仁鴻就邀請頭城在地職人互動。而台企銀與東吳商學院共同舉辦的「中小企業創新融資——地方創生與產學實踐」國際研討會，彭仁鴻也利用機會與INSPIRE代表理事谷中修吾對談，希望藉由類似的國際經驗交流提升地方產業的未來發展。

彭仁鴻說：「『金魚。厝邊』的國際交流不會停歇，將持續努力地進行人與人的串連，提升研究視野交流資源，值得拭目以待！」

（四）與疫情社會共同演化

2020年初，世界各地逐漸爆發新冠肺炎疫情，民眾心驚膽顫，待在家裡不敢出門。許多國家禁止觀光客入境或限制出境，航空運輸業、旅遊產業皆大幅裁員或放無薪假，許多實體店家、線下活動也不得不停擺或關門。而有關宅經濟的產業如串流媒體產業、電商產業、通訊軟體業、外送產業，則受惠疫情而愈趨熱門。

由於新冠肺炎的疫情深刻影響一般人的生活與活動方式，彭仁鴻也做了一些調整。如新年度的藝術季尚在規劃階段，「金魚。厝邊」已訂下主軸，著重討論如何「培育在地青年」與「建立頭城在地品牌」。

當「金魚。厝邊」希望把在地生活和更多人分享，把頭城當作要永久居住的地方，就會知道家鄉需要什麼，尋找對的資源和好的連結發揮影響力，這也是前述主題 "The Way We Live" 的意涵。或許這個老鎮長故居，正在讓頭城變成一個宜居的世界地球村，打造出頭城品牌。

在經濟部中小企業處的協助下，舉辦了「在地青年創育坊」並推動「GO FIT 宜蘭青年創業家加速器」，以為期三個月的培訓期讓參與者了

解當地產業脈絡、學習創業，並輔以業界導師，運用公部門資源提供異業合作、創業貸款，對於有意創業的在地青年可謂一大福音。

彭仁鴻同時也舉辦「青年好政 Let's Talk」系列講座，聚集各路地方工作者、大學生、教職人員，在頭城「喚醒堂」討論城鄉差距的教育議題，共同探討如何建構大學與地方的連結，期望可以種下在地青年的創業幼苗，賦予他們更多未來想像。

對於頭城的城鎮品牌，彭仁鴻有著這樣的初衷：「頭城的第一條商業街，也就是頭城老街的方向其實還有蘭陽博物館。大家來到頭城，可能是說『去蘭陽博物館』而不會說『來到頭城的蘭陽博物館』，只把蘭陽博物館當成目的地。對於鎮的品牌意象實際上還是很薄弱、也很模糊，這是我們要致力塑造城鎮品牌加以推廣的初衷跟概念。」

〔六〕厚植生態資本、個體族群互利共生

人文創新生態系不是一蹴可及，**需要發自真心、一步一腳印辛苦耕耘、厚植生態資本，才能成就**。人文創新生態系的生態資本可以用第參章所述生態系的六大要素（即 A2S3F）來觀察其發展演化：

1. 生態系的「行動者」成員（即職人、志工、全職工作者、移居人口）越來越多，每位成員都有獨特性且能自主獨立地生存、彼此共生且和諧相處；

2. 生態系的「活動」內涵越來越豐富，彼此形成互補共創也產生多重

價值，因而吸引不同使用社群；

3.「軸心主張」受到肯定，擁有越來越多正面且有感的集體記憶與未來想望，有助於提升社群的凝聚力與光榮感；

4.「協作族群」（如地方政府、學校、耆老、媒體、金主）越來越多也越來越友善，願意積極、主動地幫忙；

5.「場景」（人文地理）經過眾人的探究與詮釋，內容故事越來越豐沃，擁有許多有價值的IP（智慧財產權）；

6. 生態系中的「流動」，無論資訊、知識、創意、心流（感動）都越來越多，經過適當的萃取蓄積後，彼此間的交流、分享、互動、對話也越來越多。

　　經過多年的努力耕耘，從上述生態資本的幾個面向分析比較可以清楚的感受到，頭城人文創新生態系所擁有的生態資本已經越來越雄厚豐滿，這些都成為頭城人寶貴的共同資產；對彭仁鴻個人而言，也有不少的收穫。如今他已儼然成為地方創生的佼佼者，不僅多次受邀到各大專院校分享地方創生實例、擔任業師指導學員，也接受媒體採訪，每當有人來盤點在地資源時，總被視為頭城的「代言人」。

　　2018年底，文化部推薦他出任行政院「青年諮詢委員」，以自己的地方創生專業提供意見。同年他也擔任教育廣播電台「創青宅急便」節目主持人，邀請回鄉青年上節目來分享創業故事。

　　這樣亮眼的表現讓彭仁鴻多次獲得不同獎項肯定，如由全球品牌管理協會、《今周刊》共同主辦的「台灣城鎮品牌獎」就頒給他「青年地方貢

獻獎」。關注台灣文化創意產業的《La Vie雜誌》也在2019年公布台灣「創意力100」的榜單，「金魚。厝邊」獲得該年的「社會實踐獎」，表彰為台灣文化及創意領域的表現優秀者。

2021年，彭仁鴻繼續在今秋藝術節、華山文旅學、政治大學、南華大學等公開場合分享舉辦藝術季的心路歷程，讓更多不同地方的朋友得以看見頭城的地方創生故事。

「金魚。厝邊」如今還是頭城的「借問站」。有團體需要在地導覽時，彭仁鴻便會出任嚮導帶領大家走訪老街，介紹起源、盧縣長古宅、康家書法世家、庇佑著居民的媽祖廟。

在「金魚。厝邊」的經營下，頭城地方創生的故事逐漸打響名號，有許多團體更是慕名而來，為的只是邀請彭仁鴻導覽、解說他在頭城推動地方創生的過程，用他的角度看見頭城的過去和現在。

彭仁鴻說：「酒越陳越香，挖掘地方風土的文化元素其實很難有商業模式，在戲棚下蹲久機會就是你的。有這樣的熱忱，待越久越有契機，後續甚至有加乘效應，一些意想不到的需求就會來找到你。」

捌

轉 生

在理性的策略思維中，
注入溫暖的靈魂。

　　人文創新H-EHA理論模式源自教育創新與地方創生的觀察實踐與領悟，書中所舉實例多為非營利組織或社會企業，和傳統產業有較大差距。但對於努力尋求新經營典範的傳統產業而言，反而可能帶來一些不同的啟發，本章將就H-EHA模式如何在傳統產業轉型創生課題的應用進行討論。

一　新世代的傳統產業

　　台灣的基層充滿認真打拼、勇敢冒險的實幹精神，經濟產業領域更是如此。早期的企業家帶著一個手提箱開疆闢土、闖蕩海內外，為台灣的加工製造業打出天下，是創業家精神的充分展現。

　　八〇年代以後，科技驅動創新的能量越來越大。台灣憑藉高素質的工程師、務實的企業家與政府官員，在全球科技產業創新價值鏈佔有一席之地，也為台灣創造一段經濟發展的奇蹟。

　　近年來，新興國家的經濟發展快速，網路智能科技的應用更是廣泛。以加工製造為主的台灣科技產業面臨重大挑戰，獲利率偏低、平均工資無法調升，幾已成為國安問題。

　　更重要的是，這些曾經行走江湖、開疆闢土的經營團隊都到了傳承交棒的時刻。新世代的接班人對於傳統產業經營不一定有興趣，如何尋求根本上的轉型，是當前眾多傳統產業的關鍵課題。

（一）未來企業的形貌

　　報章媒體討論企業轉型或經濟升級時，對國內企業的建議大致不脫以

下幾個方向：

1. 從OEM到ODM到OBM，也就是從「製造」、「設計」到「自有品牌」；
2. 從元件製造走向系統整合；
3. 從產品銷售走向長期服務；
4. 從成本效率為先，走向以價值創新為重；
5. 從生產線加工製造走向自動化生產與數位轉型；
6. 從在地銷售走向全球市場，在全球分工體系展現在地的獨特性且佔有一席之地；
7. 從關注公司的EPS（每股盈餘）到公司的CSR（企業社會責任），也就是從關注企業的經濟目的轉而關注企業的社會責任。

（二）傳統產業未來發展的三條路徑

以上這些轉型方向都很重要，應該努力實踐。但如深刻思考這些課題即可發現，要真正達到企業轉型的目標，應避免以單一策略邏輯來檢視與執行，必須有整合性架構才能周延思考，並以其為基本的指導原則。進一步而言，傳統產業的未來發展會有以下三條不同路徑：

1. **深耕原有領域**，厚實自動化、科技化與國際化的能耐，成為全球製造創新價值鏈不可或缺的關鍵活動或隱形冠軍；
2. 因應新科技、新價值系統與新世代的時代洪流，**根本性地翻轉經營**

模式以形塑全新經營典範；

3. 精實本業，盤點、重組過去數十年積累的資源，有系統地傳承給下個世代，期待他們透過自己的努力**開創新的事業**，成為一株枝葉茂盛的大樹。

從學理角度解析，上述第一條路徑是標準的「成長」課題，適用傳統的策略理論，但須高度關注所處生態系統是否會因智能科技的發展而改變，同樣要注意人文永續創新的潮流。

第三條路徑是企業的「傳承接班」課題，要從人情義理角度切入，可以參考本書「人文創新H-EHA理論」架構下的「星群繁衍」模式，稍後也會加以討論。

第二條路徑是「經營典範」的大翻轉。當今企業經營正面臨環境巨變的空前衝擊，經營者絕對不能將「服務、系統、品牌、價值創新、數位平台與企業社會責任」等挑戰當作個別議題來處理，而須以宏觀視野、整體思考、完整規劃，才能幫助企業脫胎換骨。

人文創新不同於過往的創新典範，引導許多和「人」直接相關的生活領域持續發展，與傳統產業關注製造與利潤的經營邏輯不盡相同，不但更具啟發性也更符合當前社會的期待。

因此，如前幾章描述的人文創新四個核心概念（即H-EHA）應可供傳統產業參考，以另類系統性思維回應目前面臨的挑戰。

當然本章所稱的「傳統產業」，泛指所有既存事業。由於科技社會環境劇變，多數企業其實都正面臨轉型的課題，這裡的討論應對所有產業都

有參考價值。

〔二〕 新世代的經營典範

在科技快速發展、AI人工智能大增而社會價值體系翻轉的此刻，本書所述的「人文創新H-EHA模式」為新世代的經營典範提供了與前不同的思考架構，以下分別說明。

（一）人文精神（Humanity）：從物到人、從功能到意義

前面提到，企業未來要走向「服務、系統、品牌、價值創新、數位平台與企業社會責任」，首要之務在將人文元素融入經營的各個面向，包括開發新產品和新服務、照顧員工和供應商，以能形成獨特的機構辨識度與品牌形象。

進一步來說，企業經營的基本策略思維未來應將思考主體從其所提供的「物」（產品或服務）轉移到「人」（使用者），思考重點也不在物件功能或價格，而是使用者所能感受的親身體驗與傳達的意義。

在地的場景脈絡更是未來經營的重要資產，經營者應該深刻體會場景的文史地理脈絡並賦予新的意義，此即人文精神的最佳展現，如許多傳統產業已將舊廠房開放為觀光工廠就是很好的做法。

無論科技產業或傳統製造服務業，台灣的產業習以製造生產為業務核心，沒有知名品牌亦無法提供完整的系統服務；產品創新仍集中於功能效率而難帶給使用者驚奇與幸福的感動。更重要的是，當社會對傳統企業的

唯利是圖感到不耐煩時，發揚人文精神、積極融入社區、創造下個世代的機會與舞台，已是企業必須積極回應的社會責任，但這些對本土企業而言都相對陌生。

（二）生態思維（Ecosystem）：從競爭求勝到自主共生

企業未來勢必處在「新科技、新價值系統與新世代」的情境脈絡，所有新創轉型的事業都須歸零思考，重新建構生態系統。

由於生態系統已與過去完全不同，企業的策略思維也須調整，從競爭邏輯改為共生邏輯，以軸心主張為核心，結合場景條件來佈建完整活動，且各個活動必須在同個時點展現（同時性），才能滿足不同使用者在特定時空的個別需求。

各個活動與成員間力求彼此互補共創、共同演化，讓所有使用者在任何時刻、任何狀態下均可得到預期的體驗；簡言之，「主張—場景—活動—成員」彼此間要能妥適搭配。

（三）軸心樞紐（Hub）：從產銷管道加值到數位平台網實社群

理想的生態系統更要有稱職的「樞紐」，其不但能將所有行動者與協作族群都納入系統，還要幫助每個成員自主生存，彼此之間又維持良好的共生關係。

已如上述，傳統產業在調整轉型過程的策略思維應從「物」到「人」、從「功能」到「意義」、從「競爭」到「共生」，轉變很大，而經營者調整自身定位尤為重要。

　　首先，所有傳統產業的未來發展領域可能與現況完全不同，但這不代表公司原有的（有形／無形）資產與（組織／個人）能力完全不能在新的領域發揮。傳統產業須將自我定位調整成樞紐平台，仔細盤點現有的資產與能力，並整合其為可靈活運用的模組，隨時用來支援新創事業的發展。

　　其次，企業未來轉型可能有許多不同類型，但隨著互聯網、智能科技的快速發展，傳統製造加工的經營模式無可避免地要調整為「開放式」數位平台服務機能。新數位科技不僅能發揮強大的網路效應，同時可以深刻地認識使用者，進而可做到完全的個別化服務。

　　未來的樞紐平台進一步要做到實體與網路雙軌並行，彼此相互支援，才能產生最大效益；這也是傳統產業轉型創生的重大工程。

（四）星群繁衍（Asterisms）：從策略成長到自主傳承繁衍創新

　　傳統產業轉型常是核心事業開花散葉、從成熟逐漸走向衰退的時刻。核心事業過去常會建立中央管理機制以利緊密掌控所有新生事業，發揮整個事業集團的綜效。但在現代集團事業，所有連結均係倚靠資訊網路而不再需要透過集權式管理模式來發揮效率。更重要的是，這種類型的管理模式早已不符新世代與新價值的期待，勉強為之只會增加內部衝突與對立。

　　傳統產業轉型理應抱持星群繁衍的心情，尊重每個新生事業如同家中出生的「嬰兒」，視其為需要呵護的獨立個體，保有集團的基因但可自主發展，也有可能成為集團的閃亮星點。

　　核心事業應該設置企業學校，萃取蓄積組織知識來完成生養傳承的責任，也要建立內部創投機制協助新生代跨領域發展。但核心事業務必給予

下一世代完全自主決策的空間，繁衍更多創新，如此才能佈建新世代的經營版圖，順利完成傳承接班的重要任務。

透過以上人文創新理論的四個面向來思考傳產轉型面臨的課題，可以演化成為四項具體的行動指引，表8-1即詳細說明了傳統產業得以運用人文創新H-EHA模式的思考邏輯與執行查核表。而接下來將介紹的兩個案例故事，延伸討論了傳統產業（包括文化創意與移動生活領域）如何透過H-EHA模式翻轉經營典範，所述或可供組織決策者勾勒未來形貌時參考。

表8-1：用人文創新（H-EHA）引領傳產轉型檢核表

人文精神 （Humanity）： 將人文元素 融入經營	1. 從使用者的「痛點」、「爆點」、「感動點」和「尚未消費市場」，尋找新的市場契機。 2. 在既有產品服務內融入人文精神，創造新意義，以提升顧客的認同與滿意度。 3. 善用空間場景的人文地理脈絡，創造不同消費體驗。 4. 與員工和供應商建立專業尊重、互賴共創的信任關係。 5. 動員企業的人才設備，運用核心資源解決社會問題，善盡社會責任、實踐社會目的。
生態思維 （Ecosystem）：	1. 自主共生：促使生態系的每位成員都有適當的經營模式可以自主生存，同時所有成員對生存情境存有共同認知，自然地形成共生關係。

從競爭邏輯 改為共生邏輯	2. 互補共創：調整每位成員的角色與活動並創造新的角色與定位，使生態系統呈現緊密互補的形式，為使用者帶來完整價值服務。 3. 場域共振：生態系統的成員透過互補關係以及成員與活動間的頻繁交流，和生存場域形成良好的共振關係，厚植生態資本，持續產生新的活動、創造新的價值，從而擴大外部資源與客群的來源、改善生存空間、共享經營成果。 4. 流動創生：生態系統各個成員間具有綿密的流通管道，隨時可以引導交換彼此的感受、創意、資訊與知識，透過綿密的交流帶來更多的創意與生機。 5. 共同演化：各個獨立事業體的活動內涵與核心能力可以因應情境與客群的變化而相互支援、自主演化，且能提升適應環境的本領能耐，透過互動合作而持續繁衍具有特色的下一代。
軸心樞紐 （Hub）： 從管道加值 變成開放平台	1. 扮演策展人角色，設計展演活動、倡議理念，進而經營社群並提升整個生態系的辨識度、認同度與黏著性。 2. 創建內部市場、促進各項資源的交易交換：將價值創造的模式，從價值鏈的管道加值演變為多重連結的價值網路，從單邊網路效應到雙邊網路效應，也從實體交易到流量收費。

	3. 建構開放平台，蓄積資訊、創意與品牌聲譽以厚植核心資源與生態資本，藉此形成多邊交換機能。 4. 推展網路事業進行虛實整合，緊密連結「場景脈絡」、「現場實體」、「展演活動」與「數位網站」四者。 5. 進行制度創建，公私協力來發展第三部門、改變體制環境，重新整合個人目的、經濟目的與社會目的。
星群繁衍（Asterism）：從規模成長到蓄積知識繁衍新世代	1. 建立企業大學並推動內部知識管理，由此傳承企業的創辦理念、核心價值與實務經驗，進而豐富智慧資本、提升企業形象、育成未來幹部。 2. 建立營運平台並發展標準作業例規，協助模仿「繁衍創新」，育成有特色的連鎖店、加盟主，或直接服務使用者。 3. 設計內部創投機制以孕育新創意、育成新事業團隊，擴大經營版圖。 4. 重新設計「金融資本」、「智慧資本」與「關係資本」三者間的「治理機制（統治關係）」，安排家族企業的傳承接班。 5. 提供完整的教育學習內容，培養接班人的專業歷練、領導力與溝通力，從而育成下個世代的經營團隊。

三 古典樂團的轉型——安德烈交響樂團

（一）古典樂團的困境

古典樂淵遠流長，是陶冶性情的音樂類型。

在古典交響樂團領域曾有許多舉世聞名的頂級交響樂團，其經營與生存現都面臨挑戰，如1882年成立的德國「柏林愛樂」、1842年成立的奧地利「維也納愛樂」、1904年成立前身為女王大廳交響樂團的英國「倫敦交響樂團」和美國的「五大管弦樂團」（即「紐約愛樂」、「波士頓交響樂團」、「芝加哥交響樂團」、「費城管弦樂團」與「克利夫蘭樂團」）皆是。

這些頂級交響樂團大多成立於十九世紀末或二十世紀初，係以滿足當時不斷增長的古典音樂會需求而創辦。隨著流行樂的發展和網路興起、串流音樂盛行，越來越多的消費者不再參加演奏會或購買實體音樂專輯，許多人都認為古典樂產業已漸走進黃昏沒有未來。

古典樂團目前多由國家單位或基金會資助，很難自給自足，主要原因有二：

1. 隨著外部環境改變，古典樂逐漸脫離一般人的日常生活，社會大眾如今已有更多選擇如流行音樂會、戲劇、歌舞劇或百老匯演出等，使得參與古典樂音樂會的市場、門票收入相繼邊減；
2. 世界各國的樂團水準大幅提高，如按固定曲譜演奏，一般聽眾很難辨識彼此的演出差別，必須靠具有知名度的個別演奏者才能展現獨

特性，因而樂團的營收有很大比例要支付「超級明星」。為了爭奪
明星導致樂團間的競爭遠較以前劇烈，需要支付的酬勞大幅增加，
自主營收縮水，生存更為困難。

來自歐洲荷蘭的安德烈‧瑞歐帶領的「約翰史特勞斯管弦樂隊」[1]，
以主打歡愉及自由氣息的華爾滋圓舞曲在蕭條的古典樂產業異軍突起，每
年創造70萬人次參與，至今銷售超過4,000萬張音樂會CD。即使在新冠
疫情期間，由於演奏曲目親民易懂，網路點擊率也非常高，其轉型成功是
人文創新的很好案例，值得學習。

（二）安德烈交響樂團轉型H-EHA分析

安德烈1949年10月1日出生於荷蘭馬斯垂克市，父親是作曲家， 五
歲就開始學習小提琴，在耳濡目染的環境長大，童年就展現了異乎尋常的
管弦樂天分。[2] 安德烈在1987年創立「約翰史特勞斯管弦樂隊」，重新將
觀眾帶入古典樂的懷抱，樂團的轉型可以用H-EHA模式來分析。

⓵ 人文（Humunity）：以觀眾為本，回到音樂本質

安德烈交響樂團成功轉型之因，首先可歸功其「以觀眾為本」，回到

1　首頁，**André Rieu and His Johann Strauss Orchestra 官網**。檢自 https://www.andrerieu.com/en（民
　　111年3月10日讀取）。
2　安德烈‧瑞歐，**維基百科**。檢自 https://zh.wikipedia.org/wiki/%E5%AE%89%E5%BE%B7%E7%8
　　3%88%C2%B7%E7%91%9E%E6%AC%A7（民111年3月10日讀取）。

音樂本質，重新思考音樂的意義。

　　傳統古典音樂由於缺乏文字表現，只能靠樂曲演繹主題並表達核心思想，而隨著創作時代愈趨久遠，觀眾只能依個人專業程度心領神會。其表演形式常讓觀眾覺得疏遠，無法直接與表演樂隊溝通。演奏現場給人的印象就是穿著燕尾服、晚禮服，正經八百地坐在台下聆聽演奏。

　　遠在十八世紀的宮廷，音樂家允許現場觀眾隨時鼓掌、歡呼甚至交談。隨著現代音樂廳越蓋越大，樂團與觀眾的距離也越來越遠，人數趨多也易發出噪音。若想獻花有固定流程，想要拍手鼓勵也須等待指示。

　　偌大的演奏廳明顯拆分成舞台上的樂隊以及座位區的聽眾，兩者沒有交流。制式化演奏的形式，當雙方無法互動就不會產生情感連結，久之聽眾就會失去熱誠。因此，傳統古典音樂會的形式侷限於觀眾買票入場聽演奏，舞台上傳遞跳躍的樂章，場下則氣氛嚴肅壓抑，兩者形成鮮明鴻溝難以推廣。

　　安德烈覺得音樂需要分享與交流，不應被「傳統」枷鎖綁著以致失去分享共鳴的本質。西方現代音樂的蓬勃發展與普及推廣度越來越高，但古典音樂的演繹迄今依然注重形式而被困在某個時間定點，導致古典音樂會也走向了陽春白雪的困境。安德烈與他的樂隊決定挺身而出扭轉現狀，從而開始了新時代的復甦運動。

　　安德烈首先改變演奏方式並從室內轉向室外展演，不要求觀眾坐在台下正襟危坐，而是鼓勵與演奏者互動。交響樂團演奏的華爾滋圓舞曲恰好能讓參與者起身共舞，加深彼此的連結。

　　樂團的改變成功地在安德烈的家鄉演出，引發了社會大眾對華爾滋音

樂的興趣，並在1997年發表了改編自前蘇聯作曲家蕭士塔高維奇的「第二爵士組曲華爾滋第二號」單曲，頓時席捲全球目光。

樂團也曾經改編或編排許多經典但樂譜失傳的樂曲，如"Amazing Grace"、「第二圓舞曲」等，也利用古典樂演繹現代知名曲目如史詩巨作電影《鐵達尼號》的插曲"My Heart Will Go On"，普獲好評。

指揮安德烈透過其妙語如珠的口才帶動現場氣氛，鼓勵現場觀眾隨著音樂拍子站起來與身邊友人或陌生人一起舞動搖擺，感受古典樂章的奧妙與陶冶。

相較於傳統古典樂演奏樂團的固定演出者模式，安德烈常主動邀請「素人」加入表演團隊，如尋找小朋友成為演唱者；且會根據表演當時的主題，更替演奏內容與表演形式。例如：加入雜耍、馬戲團等元素並以古典樂包裝，讓兩者相輔相成，觀眾可以邊聽古典樂演奏，邊與其他聽眾或甚至表演動物等第三方進行互動。安德烈幾乎反轉了表演現場的氛圍，觀眾可以歡樂地參與古典樂演奏會，而素人演出雖非絕技，但容易與觀眾產生共鳴，彼此之間的距離顯著縮短。

⑵ 生態（Ecosystem）：佈建全新的表演生態系

為了實踐古典樂演奏的全新想像，安德烈重新佈建他的「表演生態系」。有別於傳統古典樂演奏都在歌劇院、演奏廳等室內空間且觀眾坐在舞台下的固定位置，安德烈將演奏場域設定為戶外平台、草原、廣場，如：「世界體育場」巡迴演出場地容量在25,000～35,000人、常規戶外節目播放到10,000人左右，即便是最小的音樂會其最大容量也兩倍於常規的

室內音樂會。

歐洲的夏天氣溫舒爽，降雨機率也低，觀眾已經習慣參與戶外演奏會。而安德烈將樂團表演搬到戶外，正是古典樂演奏的一大改變，而隨著不同場合，安德烈還會設定不同呈現方式。

室外演奏方式不同於室內，主要以喇叭擴音傳遞，因此協力廠商會在場域內設定專業音響，提供參與者最美好的音樂饗宴。配合巨型螢幕和側邊屏幕呈現舞台面貌，讓參與者不僅耳朵接受音樂也是眼睛的盛宴。

室外演奏的氛圍也比室內歡樂，觀眾可以不受拘束地參與演奏會而非嚴肅拘謹地坐在台下。很多演出還可搭配餐飲與餘興節目，這些改變都需其他夥伴共同參與，互補共創、共同演化。

③ 樞紐（Hub）：從樂團演出到活動策展再到網實社群

安德烈交響樂團的經營已經擺脫傳統交響樂團的範疇，不再是單一的音樂傳播管道，逐漸轉型成為「表演平台」來媒合不同夥伴。

如前所述，傳統的交響樂團都是經過長年累月的固定練習，每位演出者都須無數次的練習配合以求能用絕對標準狀態演出，但安德烈的樂團演出則可視為全新的策展活動。

安德烈根據不同場地、主題，尋求有優異表現的素人加入如鋼琴、演唱的演出，德國三歲小提琴神童卡瑪拉（Akim Camara）與荷蘭十歲女高音維莉哈根（Amira Willighagen）都曾獲邀一同表演。當然，安德烈交響樂團的基本團員也是經過經年累月的訓練，具有良好的基礎與默契，很容易包容素人的演出，巧妙襯托每一個來賓的特質，助其發光發熱。

　　相對於傳統演奏都是採取套裝形式以致觀眾無法產生新鮮感，安德烈每次演出都重組表演內容，帶來熟悉性的創新，讓觀眾對每一場演出都有所期待而產生預期之外的新鮮感，因而樂於購票進場觀賞。

　　隨著數位媒體日益普及，安德烈交響樂團每次演出也都透過網路廣泛流傳。由於它的表演形式特別、點閱率高，大大提高了樂團的知名度，使得全球邀演機會不斷。

⁴ 星群（Asterism）：複製繁衍、適應繁衍創新

　　對於安德烈而言，演奏會參與者的歡樂本身就是最好的演出，因此很容易吸引不同年齡層觀眾，從幼稚園小孩到年邁夫妻都是客源。交響樂團也會適時加入不同樂器，如鋼琴演奏與傳統樂器之間也可完美結合成為不同形式的演出。他也會配合不同的演出場地、安排不同進場方式，如與大象漫步在走道或樂隊從台下開始演奏後才慢慢地到台上就坐，這些看似不起眼的創意往往都能帶給觀眾完全不同的體驗與歡樂。

　　隨著知名度的提高，安德烈交響樂團開始走向世界各地。相較於其他古典樂交響樂團以標準模式到各地巡演，安德烈遇到不同國家的文化、政策差異時都會加以考量調配。為了克服地域差異，讓當地參加者能夠在熟悉的環境中體驗不同文化的饗宴，樂團的創意總監、法務等人在演出前一定會先到各個國家、地區充分交流，以便隨時應付意外事件，同時創造出新的作品。

　　以2012年的巴西巡迴演出為例，由於巴西的嘉年華、桑巴文化與歐洲的華爾滋圓舞曲差異頗大，雖然安德烈交響樂團不若其他傳統古典樂演

出來得「正經」，導入時仍要擔心當地文化能否接受。安德烈因此與嘉年華園遊會合併，園內開放商家進駐，而嘉年華中心則是演奏舞台。商家、消費者、觀眾也許來自不同背景卻處在共同的交響樂環境，彼此間自然產生不言可喻的互動連結。表演曲目也使用古典樂器演奏桑巴，讓巴西觀眾能有不同體驗；演奏名曲「第二爵士組曲」則邀請巴西觀眾到場中一同跳圓舞曲，促進文化交流。

又如在荷蘭阿姆斯特丹的演出強調與觀眾互動，演出過程讓成千上萬的觀眾從音樂會派對袋子中拿出一個塑料杯，取下封套並裝水漱口，以配合管弦樂隊演奏威爾第歌劇 "Aida"（阿依達）的聲音，這些安排都讓安德烈的表演展現獨一無二的新穎體驗。

總之，安德烈交響樂團每一次的海外演出，都像是新生小孩需要全心呵護以期演出活動順利進行，如此才能一方面傳承樂團的原始基因，另則努力地活出獨特風格。安德烈會根據不同場域進行不同創新演出，但其以古典樂為主的音樂本質並未改變，只是透過創新來創造新鮮感，讓參與者有不同體驗。

由於每次演出都有不同形式的創新，同台特別邀請演出的其他演員也就成為演奏會的閃閃發亮星點，彼此相得益彰而持續吸引觀眾目光，既分享了古典樂帶來的樂趣，也豐富安德烈的品牌內涵。

相較於目前許多古典樂交響樂團需由政府部門或基金會資助，安德烈交響樂可以自給自足，主要的原因是沒有培養「超級明星」無須支付超額經費，改以內容新鮮感、現場互動等吸引觀眾，加上戶外場地的容納量較高，門票收入都能妥善歸戶。安德烈交響樂團的門票介於50至125歐元，

平易近人，因此賣座良好。

安德烈的創新改變了古典樂的窘境，主要在於能夠清楚地掌握人本需求，重新建構一個不同於過往的生態系與運作模式，是古典樂轉型創生的典範。

四 自行車業的創新轉型──捷安特

捷安特（巨大機械）自1972年成立至今超過五十個年頭，始終維持「專業代工製造」與「自有品牌生產」並存的經營模式，不僅與產業共生共榮，更強化了品牌與消費者的緊密度，兩者共創價值，進而創造了自行車的新文化，是另一個傳統產業人文創新轉型創生的優質案例。

（一）全球自有品牌的自行車專業公司

捷安特成立初期因取得美商Schwinn Bicycles的代工訂單，成為外銷導向、專業代工的自行車「專業製造廠」（Original Equipment Manufacturer, OEM）。但因國外品牌商紛紛尋求更低廉的供應商，捷安特在1981年決心自創品牌加入銷售市場競爭，採取「原始設計製造商」（Original Design Manufacturer, ODM）與「自有品牌生產商」（Original Brand Manufacturer, OBM）並重的經營策略，串接研發、製造、行銷部門而成功建構完整的價值鏈，展開全球化運籌管理的運作。

2001年，因中國大陸勞工充足且成本低廉，台灣廠商大舉外移，大量OEM訂單也轉至中國大陸生產。2003年，捷安特與美利達（Merida Bike）

二大領導廠商在經濟部工業局與中衛發展中心的協助之下，發起設立「社團法人台灣自行車協進會」，推動自行車 A-Team 大結盟，引導業者採取差異化策略，而改走高級產品路線，藉以擺脫市場價格競爭，期能建立良性循環。

A-Team 的發展主軸為合作管理、合作開發及合作經營行銷，以整合上下游供應鏈為目標，透過協同合作結合國內零件供應商導入日本「豐田式生產系統」（Toyota Production System, TPS），共同學習並提升技術來促進產業集群效應，不但讓上游製造零件廠可從下游零售商獲知消費者的使用偏好資訊而共同參與零件設計，也讓零售商掌握上游製程而更加了解產品價值。

捷安特在全球各地共設有九座自行車生產製造基地，於八十多個國家設有超過一萬多個銷售據點，並且佈設線上購物商城的銷售通路，產品體系完整，能供應全系列自行車相關產品，滿足全球各地市場多元車種的需求，包括：登山車、公路競賽車、休閒車、淑女車、輕快車、Lifestyle bike、童車、電動車、折疊車、舒適車，以及新開發的 Maestro 登山避震車、輕量化碳纖維競賽車等。

除於 1981 年在台成立「捷安特（股）有限公司」全力擴展自有品牌捷安特（Giant）的行銷業務外，2010 年在中國大陸推出品牌 "Momentum"（莫曼頓）單車以與捷安特區隔，主打城市通勤市場的中低價產品。2014 年以女性為主要市場的子品牌 "Liv" 也獨立出來，成為全球第一個女性單車品牌。

（二）捷安特轉型 H-EHA 分析

　　經過四十年的發展，捷安特集團成為一家擁有自有品牌的全球自行車專業公司，經營績效良好。而近年來融入人文思維的創新作為與經驗，同樣值得吾人學習，以下分別說明之。

⒈人文（Humanity）：將人文元素融入經營、打造服務系統

　　捷安特在產品市場站穩腳步後，積極尋找自行車的新藍海市場，認真思考自行車對騎乘者的用途與意義。

　　在現實社會很多人都會騎自行車，也願意用其作為運動或運輸工具，但考量使用時機不多或實際停放地點不便，並未加入「自行車族」行列。

　　為了推廣自行車人口，捷安特於2007年推出「啟動探索的熱情」（Inspiring Adventure）為最新品牌精神，傳達全世界一起體驗騎自行車探索世界、踩動世界的精彩，積極推動自行車新文化，讓騎乘融入生活。

　　事實上，採用自行車為交通運輸工具完全符合環保意識與健身概念，在歐美先進國家已非常普遍，也是各級政府的基本政策。2009年，捷安特與臺北市政府交通局合作，先在信義計畫區推出「公共自行車示範計畫」，希望藉由信義區的完善自行車環境了解市民對「公共自行車」的接受程度。

　　此外，捷安特早於1989年成立「財團法人捷安特體育基金會」，在2000年正式改名「財團法人自行車新文化基金會」，積極推廣自行車新文化，著力舉辦各種自行車活動以帶動國內騎乘風氣，鼓勵民眾享受自行車帶來的優質健康休閒生活，並呼籲各界重視騎乘安全，督促政府打造安

全友善的騎乘環境。[3]

　　捷安特建構開放式服務平台與消費者緊密合作，以推動台灣「自行車騎乘樂園」（Cycling Paradise）的願景，成為自行車新文化倡議者與代言人，也將騎乘自行車結合當地觀光行銷，推廣美好的自行車生活，加速其成功轉型為與消費者直接對話的創新服務型企業。

⑵ 生態（Ecosystem）：佈建 YouBike 服務生態系統

　　除了理念主張的倡議與推廣外，捷安特同時與地方政府合作，佈建更友善的自行車服務系統。2009年YouBike[4]首度推出後，由於路線和站點規劃區域太小（只有信義區的信義廣場、市民廣場、臺北市政府、捷運市政府站、世貿三館等五個站點可以租借），加上租車認證手續麻煩，以致使用率不高。

　　臺北市政府交通局經重新審慎評估後，從擴大服務範圍、簡化租借系統與流程、租借價格低廉等三個面向下手，從使用者角度再出發，從而改變了YouBike的營運策略而能重拾市民的信心。

　　2012年8月，交通局再度與捷安特攜手啟動「YouBike 微笑單車」租賃系統服務計畫，將其設置在大眾交通運輸要點且提供甲地租乙地還的服

3　認識我們，**財團法人自行車新文化基金會**。檢自 https://www.cycling-lifestyle.org.tw/about（民111年3月10日讀取）。

4　首頁，**微笑單車 Youbike 官方網站**。檢自 https://www.youbike.com.tw/region/main/（民111年3月10日讀取）。

務，以解決大眾運輸工具涵蓋範圍末端的交通需求，藉此提高民眾使用方便性及意願，達到改善市區交通及降低環境汙染與節能的目的，打造全新的通勤文化。[5]

YouBike增設更多捷運站外的站點後，服務範圍擴展到全台北市，在各站點的自動服務機也可輕鬆認證。租借支付方式則只要持有悠遊卡或信用卡就能刷卡租車，也參考國外經驗採優惠價格以增加市民利用YouBike短程代步的使用意願。

此外也開發了微笑單車官方版App程式，隨時可以利用手機上網查詢各租借站點的可停車位數、剩餘車輛數與交易紀錄等即時資訊，達到「最後一哩」無縫接軌接駁的便利服務。2017年，YouBike已完成400站、13,072輛車的佈建，次年則已突破1億使用人次。

YouBike從2009年在台北信義區以500輛車11個站點試辦，到2014年完成162個租借站，以5,350輛自行車服務市民，而到2018年的總騎乘次數已經超過2億，服務涵蓋範圍已經增加到全國共八個地區，包括：台北市、新北市、新竹縣、苗栗縣、桃園市、彰化縣、台中市以及新竹工業園區。[6]

YouBike服務系統的構成要素包括，微笑單車、停車柱、資訊告示

5　高宜凡（民102年7月10日）。巨大機械＆玉山金控，微笑單車讓市民一起減碳，**遠見**。檢自 https://www.gvm.com.tw/article/24546（民111年3月10日讀取）。

6　盧懿娟（民103年1月14日）。YouBike轉虧為盈的關鍵因素，**服務創新電子報**。檢自 https://innoservice.org/1812/youbike%E8%BD%89%E8%99%A7%E7%82%BA%E7%9B%88%E7%9A%84%E9%97%9C%E9%8D%B5%E5%9B%A0%E7%B4%A0/（民111年3月10日讀取）。

板、互動式多媒體資訊站（kiosk）。[7] 捷安特自行車的 YouBike 的「You」代表這是一輛為「你」（使用者）而生的腳踏車，租借系統自法國巴黎公共自行車 Velib 取經，將刷卡系統結合在車柱上，除節省空間外還可先行檢查想借的車輛有無故障。

YouBike 雖然在前三年（2009～2012）投入高於回報，每年均賠上近千萬元，但自第四年（2013年）起即已逐步穩定，獲利營運狀況轉虧為盈，獲利每年至少近新台幣2千萬元。2015年，無樁停靠的共享單車模式風起雲湧，一時之間在世界各地普遍出現，給 YouBike 的經營帶來很大的挑戰。但經過數年之後，YouBike 仍能屹立不搖，證明它的服務系統得到大家的信賴。

③ 樞紐（Hub）：搭建服務體驗平台、凝聚網實社群

捷安特在 YouBike 系統所扮演的角色，從原先以「產品」為核心的製造加值，轉為以「顧客和使用場景」為核心的服務生態系樞紐。策略重點也從以打造物美價廉的產品，移轉為有效協調 YouBike 自行車租賃服務系統營運的臺北市政府，以打造便捷服務為焦點。

捷安特也整合上下游自行車零件廠商的 A-Team 產業聯盟價值鏈，包括：車架（巨大）、座墊（維樂）、煞車變把（彥豪）、踏板（維格）、

7　臺北大眾運輸新網絡 YouBike 微笑單車拓展全新通勤文化，**痞客邦**。檢自 https://ccjc888.pixnet. net/blog/post/42992586-%E8%87%BA%E5%8C%97%E5%A4%A7%E7%9C%BE%E9%81%8B%E 8%BC%B8%E6%96%B0%E7%B6%B2%E7%B5%A1-youbike%E5%BE%AE%E7%AC%91%E5% 96%AE%E8%BB%8A%E6%8B%93%E5%B1%95%E5%85%A8%E6%96%B0（民111年3月10日讀取）。

大盤（榮輪）、鏈條（桂盟）、輪胎（建大）、輪圈（捷安特輕合金）、鋁合金（精確）等零件商，提供自行車產品功能完整的製造廠商。

　　捷安特同時轉變了建構聚合公共運輸服務相關利益關係人的生態系統，包括：臺北市政府交通局和工務局、臺北市議會、悠遊卡公司、微城市資訊公司、市民熱線1999、民眾等，創造出騎乘自行車服務體驗活動的服務型企業。

　　2016年底，捷安特新上任的董事長杜綉珍表示，面對全球經濟的嚴峻挑戰，捷安特的未來將是「擅長與消費者對話的服務型企業」，並落實三大營運目標：智慧製造的轉型、虛實通路結合以及以消費者為中心的創新產品與服務，回應新世代的社會期許。[8]

　　在網路時代，捷安特以「O2O」（Online to Offline）的做法，在公司官網建置完整的商品資訊，讓消費者可上線先行做好「功課」，並依自己的特殊需求來下單。由於自行車需要專業組裝，其後可到附近門市取車，並由專業人員協助人車調整到最適當的高度及距離，同時指導消費者健康與有效率的騎乘方式。

　　捷安特近年來也透過物聯網概念積極引入數位轉型，以雲端運算平台、QR Code二維條碼與藍牙技術進行供給端的產銷履歷追蹤（包含零件管理、車體生產、運送、庫存），精確掌握需求端的消費者使用數據並轉化其為產品設計的重要情報資訊，以逐步實現智慧製造的產業轉型。

8　巨大公司宣布企業接班，持續引領自行車產業「騎創巔峰」，**捷安特官方網站**。檢自https://www.giantcyclingworld.com/news.php?id=20091479（民111年3月10日讀取）。

YouBike服務系統的成功在於捷安特佈建了完整的生態系，同時善盡樞紐的角色，包括以下幾方面：

1. YouBike每輛單價約在新台幣 9千至1萬元，品質高於國際標準，設計耐用確保安全；
2. 自行車輛兩個星期檢查一次，騎滿100次系統鎖定進行例行維護，這些定期檢查維修保養與監控車況的方式降低了故障率；
3. 佈點完備，可以抵達城市每個角落而便於借用與還車；
4. 定點管理嚴格，二十四小時實時監控管理系統確保車量供應；
5. 結合人手一張的悠遊卡，支付便利安全。

⑷ 星群（Asterism）：快速繁衍創新

捷安特除了產品製造的角色外，為了推廣自行車文化，於2009年轉投資「捷安特旅行社」[9]專辦國內外單車之旅並規劃旅遊路線，經由捷安特團隊的親身協助及帶領，讓消費者實際體驗騎乘自行車旅遊的美好。

依據統計，捷安特旅行社「9天8夜的環島」是最受歡迎的旅遊產品，約佔四成；而「花東縱騎」也是熱門旅遊產品，約佔三至四成比重，許多知名企業如台積電、王品、3M等都是旅行社的長期合作對象。

創立第二年，捷安特旅行社即已損益兩平，其後每年成長率都維持在15%左右，短短時間即已成為巨大集團旗下最亮眼的小金雞，也顯示自行

9　首頁，**捷安特旅行社**。檢自 https://www.giantcyclingworld.com/travel/（民111年3月10日讀取）。

車生活廣為國人接受。

2015年8月，捷安特（巨大機械）將YouBike事業部獨立分割設立新公司「微笑單車公司」，專責YouBike的建置與營運，並於2020年元月推出設站硬體需求較低的YouBike2.0。目前除台北市外，同時積極向其他城市擴點，已在新北市、桃園市、新竹市、苗栗縣、台中市、嘉義市、高雄市等縣市以及新竹科學園區完成建置。台灣以外則有中國大陸福建省的泉州市、莆田市採用，經營模式快速繁衍創新，未來發展可期。

2020年，由「財團法人自行車新文化基金會」在台中中部科學園區打造的「自行車文化探索館」正式啟用，亮眼的圓弧造型和流動線條，如今已是台中景點拍照IG打卡點。館內有三層樓八個展覽和體驗廳，展示自行車在不同年代發展的需求樣貌，並有VR虛擬實境、沉浸式劇場、登山車模擬挑戰等設施，讓參觀者可以深刻融入以自行車為核心的生活風貌，巨大機械也正式順利轉型進入「以人為本」的服務業了。

五　人文的組織

前面兩個案例完整介紹了人文創新的基本邏輯：人文、生態、樞紐、星群（簡稱H-EHA）等四個要素在傳統產業的應用。在現實社會，人文創新的實踐還是需要透過「組織」來完成。因此，我們需要打造一個人文的組織。

在傳統社會，資源組合的統治機制只有科層組織與市場交易兩種不同形式。但因社會議題愈形多元複雜，組織形式也趨於多元，未來經營者應

嘗試用不同角度切入以滿足不同利益關係人的期待。

從資源基礎論角度觀之，任何組織都由四類重要資源組成，分別是顧客資本、人力資本（勞工）、管理資本（技術與知識專業）與金融資本（實體資源）。而在現實環境，不同資源擁有者（利益關係人）都面臨不同挑戰。

首先是顧客資本。在商業世界，顧客支付合理價格購買產品或服務促使組織正常運作。但從人文觀點來看，對產品或服務有實際需要的使用者已如前述不一定有付費能力，需要尋找其他來源，如公共資源、個人捐助、善心顧客都是可能的輔助方案。

其次是勞工。組織要求勞工遵守紀律才能有效率地達成營運目標。但從人文觀點來看，員工希望工作自主且有彈性，做起來有意義感與成就感，自主管理與運作透明化就成為相對值得努力的目標。

第三是管理與技術團隊。技術團隊擁有專業知識，而管理團隊負責公司的重大決策且需符合一般社會要求。此外，經營階層面對不同利益關係人如社會、股東、員工時，何者利益優先，不同組織類型可能有不同設定。當組織面對這些課題時應由誰來做最終決策迄無定論，但社會大眾、小股東與員工的參與機制必須適當安排。

第四是金融資本，也就是一般所說的「資本主」。在營利型的企業組織，資本主通常擁有全部營運剩餘的支配權，但人文組織則相信組織因運作效率產生的剩餘（盈餘）主要來自員工的努力，對資本主的剩餘分配比例會給予適當限制。

綜合以上討論，人文組織重要的判別標準如表8-2所示，可以作為傳

統產業轉型、重新設計組織形式時的重要參考。實務上，人文創新常會使用到許多公共資源，其管理與運用方式更值得關注。

表8-2：人文組織判別準則

1	組織提供的產品或服務內容均應符合社會目的，並在組織章程清楚說明。
2	組織內所有營運決策都依普世價值為準則，主動訂定企業憲章。
3	提供產品或服務給有真正需要的使用者，不以負擔不起為經營限制。
4	組織要善用多元營收模式，各個利益相關者——如使用者（營利付費）、第三者、捐贈者、政府預算等——均可負擔部分成本，且要有效運用PPP（Public-Private Partnership或公私協力）營運模式。
5	組織要幫助每位成員盡可能的自主安排工作時間與地點，兼顧工作、家庭、健康與生活。
6	組織趨向扁平、權威關係弱化、權責規範鬆散，小單位眾多、自主性強。

7	組織領導者主要扮演導師與教練角色，傳承專業知識並塑造工作的意義感。
8	組織營運決策與財務完全透明，所有成員都能清楚知道收支情況以及獲利的分配原則。
9	組織營運剩餘（盈餘）要依人力資本與專業資本分配，彼此差距不大，而金融資本分配的比例則應明文限定上限。
10	組織應有效地運用財務盈餘與閒置的核心資源從事公益活動，期能解決社會問題、實踐社會責任。

跋

如果不是現在，
那要等待何時？
如果人生只有自己，
那生命有何意義？

起身而行的實踐者

　　本書深入討論了人文創新典範的特色以及人文創新 H-EHA 模式在傳統產業的應用。從這些討論可知，不論是營利事業或非營利事業、不論組織的規模產值大小、不論是新創或轉型，都需要一位願意承擔風險、追求理想的創業家具體實踐。

　　聯合國 ISBC（International Small Business Congress）組織在 2020 年曾以如下界說完整詮釋了創業家精神：

　　「企業家精神是追求和諧的創新應用、可營利的商機以及為人民服務、與人民共享的可持續社會福祉。從本質上講，這是企業家精神的人文展現，讓每個人的想望都得到關照。」

　　這個定義展現了新時代的普世價值，與本書論述的人文創新典範完全契合。每家傳統產業在創業初期都有令人尊敬的創業家，我們期待在未來社會，無論新創或轉型企業的掌舵者不僅是開創者，更是令人尊敬的人文創業家。

一 人文創業家

進一步而言，期許未來肩負開創轉生的人文創業家都能展現以下幾點特質。

（一）開創轉生來自關懷社會而非追求財富

創業是目前全球流行名詞。過往文獻討論創業時，多認為創業家會發現機會，透過成功商業模式來實現其經濟目的。"Entrepreneurship" 早期的解釋就是創業家精神，意即創業家帶著廣大視野去尋找機會。

前引管理學大師彼得‧杜拉克（1985）即曾指出，「改變」提供了人們創造新穎事物的機會，而當「改變」出現時，創業家就會把握機會去創造新價值。

以往的創業研究相關文獻常討論創業家如何透過成功模式來促進經濟發展，或因創業成功而獲取巨大的經濟報酬。創業大師熊彼得就直言，資本主義與自利動機其實是創業精神發揚最重要的溫床。

然而人文創業家來自對社會的關懷而非財富的追求。近期的創業研究開始出現許多不同於過往有關創業是為了實現經濟價值的新案例，印度「阿蘇迦基金會」（Ashoka: Innovators for the Public）創始人美籍德雷頓（William Drayton）在二十世紀八〇年代初將其稱之為「社會創業家」（Social Entrepreneurship），其理念、精神皆與人文創新若合符節，也和前述聯合國ISBC所宣揚的觀點相近。

史丹佛大學教授狄茲（J. Gregory Dees）曾在〈社會企業家的意義〉

（The Meaning of "Social Entrepreneurship"）一文首次定義這個名詞，認為社會創業家在社會部門扮演變革推動者，具有以下五個特質，也可以作為人文創業家的自我期許。

1. 採取可以創造與維持社會價值（非僅有私人價值）的使命；

2. 認同並不懈地追求新機會來達成使命；

3. 參與持續創新、採納與學習的過程；

4. 不受現有資源侷限而勇於行動；

5. 為服務對象以及創造成果而表現較高的問責度。

（二）開創轉生常依賴由理想與抱負帶來的激情，而非算計的商業模式

另一種人文創業的形式是來自純粹個人的興趣或理想，希望用更多時間去探索、追求與實踐。有人希望攀登高山峻嶺、有人願意到偏遠地區辦學、有人希望精研廚藝、有人畢生從事創作，只要他們堅持下去，終有開花結果的時刻。

這類人文創業家依賴由理想與抱負帶來的激情，而非商業模式的算計，但仍應掌握人文驅動創新生態系統的基本原則，雖不求扮演核心樞紐角色、佈建整個生態系統，還是要能與其他族群共生共創，扮演閃亮的「星點」來實踐理想兼而自主生存。

這類的人文創業家不一定掌握社脈動與機會，但需「觀照本體」，也就是要時時觀察、照見自己內心深處的渴求，不斷地自問：我是誰？我想

往哪裡去？我該為誰服務？我為何需要學習？唯有妥適解答這些問題，才能讓心中激情持續燃燒。

（三）人文創業強調開創實踐，所有創業作為在真實中體現

　　無論社會型或個人型的人文創業都不以經濟目的為主要驅動力，強調的是開創實踐的歷程而非冷酷的商業模式，創業作為是在現實中體現、創造與實踐。

　　創業相關理論對創業機會素有「發現論」與「建構論」兩個不同觀點。人文創新始於初心，並未評量周遭環境是否成熟，更相信創業是「建構」的過程。人文創業專注的不僅是理念主張更是行動與歷程，許多令人敬佩的人文創業家其成就都不在宏遠的策略或算計的經營模式，而是身體力行、遇到困難就修正、不達目標絕不停止的歷程。因此，其強調的不是「創業」（entrepreneurship）而是「開創」（entrepreneuring）。

　　人文創業從初心出發，整合周邊資源而後建構解決問題的方案。其理想抱負不受環境所限，反而抱持開創、認識、賦能的態度，積極開採周遭場景（人文歷史與地理場域）的正向意義並與其對話，創造新的器物或活動以為解決方案。另一方面，他們努力包容所有成員，包括使用者、顧客、協作族群和其他行動者，視其為價值共創的夥伴。

（四）人文創業家是務實的理想主義者

　　Dowser.org 的創辦人大衛・伯恩斯坦（David Bornstein）在他的專欄提到，人類社會正經歷新的「啟蒙運動」，包括三個方向：重新認識人類

行為以得到更佳結果、更經常地使用證據以評估並指導解決問題的方法、建構可以整合解決社會問題的方法。

人文創業家無疑是這個新啟蒙運動的典範：他們由「人文」出發，充滿熱情、倡導理念，有崇高的理想主義，又能務實開創、發揮專業、匯聚資源、建構整合解決社會問題的方法，同時願意勇敢地實驗夢想、承擔責任、永續發展；因此，人文創業家也可稱為「務實的理想主義者」。

在前引人文創新案例可以看到，成功的人文創業家多是務實的理想主義者：積極面對問題、從小處尋求創新突破、透過成功的小案例累積正當性並擴大資源可運用的範疇，藉此帶來更多資源、促成更多創新，而後形成良性的正向回饋系統。

［二］企業主們，你們準備好了嗎？

在實務經驗上，台灣企業主往往受到強烈家族觀念的影響，「傳承」之意只是將事業財產留給家族第二代，股權轉移也多從避稅節稅角度思考。這種安排常使母體事業無法走向專業經營的目標，企業短期內不易大幅度翻轉，更何況可能「扼殺」家族二代的不同志趣與活力，無法讓二代企業經營者在有興趣的領域一展長才。

更重要的是，企業歷經數十年累積下來的有形、無形資產只能傳承少數人卻無法讓更多人受益，是整個社會的損失。因此，企業主應將企業傳承當作重大工程來規劃、設計並系統性的執行，以臻「利己利人」的目標。

　　企業內部值得傳承的資源多元，各家都不相同，需要細緻盤點才能瞭解全貌。一般來說，最值得傳承的部分可歸納為「經營理念」、「有形資產」與「企業專屬智識」三種不同類型，以下分別討論。

（一）經營理念與核心價值

　　企業經過數十年的風風雨雨猶能夠屹立不搖，除了經營者的睿智與勤奮外，內心深處堅持的理念與價值是另個關鍵因素，從人文角度思考，這當是最珍貴的部分。但理念與價值都很抽象，是經營者的心法而難傳承，最好的方式就是完整記錄過去經營過程曾經遇到的決策困境與思維邏輯。

　　因此，協助企業主「寫傳記」是可能做法。不過，文字的感染力已大不如前，影音的同步使用成為必要做法，如何清楚且扼要地描述各次重大決策的情境脈絡更是重要。

　　企業主在傳承理念與價值時除了回顧過去歷史外，當下的行動往往更具說服力，透過基金會的公益活動來展現企業主的理念與價值就是常見做法。如果認真檢視各個企業基金會的活動內容，就可清楚知道創辦人的格局與視野。當然企業主也可選擇其他方式來表達堅持的理念與價值，不論所選主題形式為何，出自真心、具體行動最重要。

（二）天使基金

　　台灣企業主在跨代傳承時往往將原來擁有的股份財產直接轉移，這種做法讓二代企業主須就原有組織框架發展。一家成功的企業歷經數十年營運，公司內一定有很多戰功彪炳的老臣，二代企業主若要順利接班勢必經

過很多奮戰。等到完全掌權後，所有變革都還是要面對老舊組織的框架而難以盡情發揮。

　　國外許多家族企業主都採「星群繁衍」的思維，鼓勵二代在外面自行創業開拓新的天空。母體事業則會透過適當釋股取得現金，組成獨立專業運作的「天使基金」（Angel Fund，簡稱 AF，指提供創業資金），優先支持能與母體事業相關人等的新創事業，但投資過程與判別準則仍須符合專業投資的要求。

　　新創事業如果經過市場檢驗並證明是可能成功的經營模式，再由母體事業大額度投資建立彼此間長期合作的關係，如此可以加速傳統產業的轉型，也提高二代接班者的歷練與聲望。

　　天使基金的投資標的不只侷限於二代企業主，母體企業也可掌握前瞻的經營機會，並能和年輕世代建立直接的合作關係，驅使其所有作為接受市場考驗，紮實地建立起自身經營事業的能力。

（三）企業大學

　　企業經營數十年仍然屹立不搖，代表擁有某些獨特 know-how（竅門或專有技能知識），有些是已經整理過而可以閱讀、學習的文件，但更多可能是不易直接辨識的組織內隱知識。如何將其「外顯化」且有效地保存、編碼、廣為流傳，並進一步加值應用，是企業傳承時的關鍵課題。

　　面對這些挑戰，仿照一般學校的運作模式設置「企業大學」是有效方式。在學校架構下有一群具有學習動機的「學生」，學校可以針對其需求與能力邀請擁有豐富經驗的公司主管授課。另一方面，授課主管透過講授

以及與學生互動，也可系統性地整理經營過程累積的智慧與內隱知識，釐清經驗的意義所在。在企業學校，學生的角色除了被動學習外，還肩負探索與研究的責任，試圖發掘過去曾被忽略的know-how（專門技能）角落。

知識的價值來自更寬廣的運用，企業大學的學生學成後會帶著知識回到工作崗位。無論原有職務或是新事業，如能學以致用都代表企業正走向又深又廣的世界，真正做到企業傳承的使命。

人文創新理念強調星群繁衍，也就是組織的成長過程好似生命的繁衍過程，需要尊重每一個新生夥伴、事業或活動，視其為獨立的完形個體而給予機會與協助，而非純然指揮與領導。傳統產業透過理念傳承、天使基金與企業大學等方式，應是育成下一代新事業與新經營團隊的最好方式。

［三］ 有靈魂的創新經營

綜合上述可知，全世界現正走向「創新3.0」時代，一個全新的創新典範正在形成。它與過去兩波創新的形式與內涵完全不同，具有三個特色：

1. **從「資本」到「人本」**：過去二百年來的兩波創新都由資本主導，企業的任務都是為投資人創造價值。創新3.0要求員工、顧客、社會大眾攜手共創價值，這也將是企業長保競爭優勢的基因；

2. **從「神人」到「人人」**：創新1.0和創新2.0的主角都是創業英雄，

其夢想與才華造就了神話級企業。創新3.0的主角則是普羅大眾，透過集體智慧與自主決策來創造下個世代的企業社會形貌；

3. **從「生產」到「生活」**：創新1.0和創新2.0都以生產創新產品與服務為核心，創新3.0則以人文關懷為核心，希望開創可以讓每個人都能展現自我價值的共好生活。

前引知識管理大師野中裕次郎與竹內弘高（2021）曾在其新作說：

「……我們用『靈魂』來描述指導我們做一個人的簡單真理和原則，代表了從經驗和實踐浮現的活生生哲學。靈魂幫助我們每天在不確定和困難中找到自己的路──這是一種生活方式。我們使用『大腦』來指稱能夠幫助公司在混亂的世界中營運並克服其複雜性和模糊性的分析。……今天現代公司擁有實現卓越目標所需要的各種分析工具，那麼關鍵問題就變成了，『公司應該如何同時擁有靈魂和大腦，使策略與我們生活的世界相關聯？』……」

其言清楚地指出下個世代企業的經營途徑。因此，經營者在人文永續時代追求新創轉生時，都應深切地領悟未來經營應該在理性的策略思維中注入溫暖的靈魂，經營者的領導哲學與領導模式也都要根本改變。

延續H-EHA模式，我們可以清楚知道未來領導者的角色應有以下的轉變：

H，既是精明算計的經營者，更是充滿人文關懷的慈善家；

E，既是生成生態系的大老，更是開疆闢土、建立規則的大哥；

H，既是厚植組織智慧資本的CEO，更是前瞻理念主張的倡議者與守
　　護者；

A，既是管理員工、監督工作的老闆，更是智慧傳承、繁衍創新的導
　　師。

現在經營者與準備接班的二代主，如果能夠掌握這個改變、自我期許
為新世代的人文創業家，從人文關懷出發、追求創新突破，佈建一個全新
完整的生態系，那麼所有的傳統產業都有機會找到轉型創生的出路了。

最後，以中央研究院王汎森院士援引猶太法典《塔木德》名言，於政
治大學100學年度碩博班畢業典禮的致詞，與各位讀者共勉：

如果不是你，那會是誰？

如果不是現在，那要等到何時？

如果一切都只是為了自己，那生命又有何意義？

Index &
Reference

個案索引

參考文獻

【楔子】

王政忠（2017）。《我有一個夢：一場溫柔而堅定的體制內革命》。台北：天下文化。

【第壹章】

Friedman, M. (2007). The social responsibility of business is to increase its profits. *Corporate Ethics and Corporate Governance,* 173-178. Springer, Berlin, Heidelberg.

Porter, M. E., & Kramer, M. R. (2006). The link between competitive advantage and corporate social responsibility. *Harvard Business Review*, 84 (12), 78-92.

Wu, S., & Lin, C. Y. Y. (2020). *Innovation and Entrepreneurship in an Educational Ecosystem: Cases from Taiwan.* Springer Nature, Singapore.

Carl Frankel & Allen Bromberger（2014）。《如何打造社會企業：以人為本的新商機，幸福經濟帶來大收益》。吳書榆譯。台北：時報文化。

Charles Handy（2015）。《覺醒的年代：解讀弔詭新未來》。周旭華譯。台北：天下文化。

Judy Wicks（2016）。《一張六十億人都坐得下的餐桌》。祁毓里譯。台北：臉譜出版。

Thomas Piketty（2014）。《二十一世紀資本論》。詹文碩、陳以禮譯。新北：衛城出版。

吳思華編（2020）。《明日教育的曙光：八個教育創業家的熱血故事》。台北：遠流出版。

【第貳章】

Hargrave, T. J., & Van de Ven, A. H. (2006). A collective action model of institutional innovation. *Academy of Management Review*, 31 (4), 864-888.

Prahalad, C. K., & Ramaswamy, V. (2004). *The Future of Competition: Co-Creating Unique Value with Customers*. Boston, MA: Harvard Business School Press.

Vargo, S., & Lusch, R. (2004). Invited Commentaries on Evolving to a New Dominant Logic for Marketing. *Journal of Marketing,* 68 (1), 18-27.

Vargo, S. L., & Lusch, R. F. (2008). Service-dominant logic: Continuing the evolution. *Journal of the Academy of Marketing Science,* 36 (1), 1-10.

C. M. Christensen, T. Hall, K. Dillon, and D. S. Duncan（2017）。《創新的用途理論：掌握消費者選擇，創新不必碰運氣》。洪慧芳譯。台北：天下雜誌。

R. F. Lusch & S. L. Vargo（2016）。《服務主導邏輯》。池熙璿譯。台北：中國生產力中心。

R. Verganti（2019）。《追尋意義：開啟創新的下一個階段》。吳振陽譯。台北：行人出版社。

R. Verganti（2018）。〈意義創新——挖掘內心需求，打造爆款產品〉。《清華管理評論期刊》，2018年第9期，頁22-31。

山崎諒（2015）。《社區設計：重新思考「社區」定義，不只設計空間，更要設計「人與人之間的連結」》。莊雅琇譯。台北：臉譜出版。

茂木健一郎（2019）。《IKIGAI・生之意義：每天早上醒來的理由，那些微不足道的事物，就是IKIGAI》。丁世佳譯。新北：聯經出版。

吳思華（2020）。《明日教育的曙光：八個教育創業家的熱血故事》。台北：遠流出版。

【第參章】

Adner, R. (2006). Match your innovation strategy to your innovation ecosystem. *Harvard Business Review,* 84 (4), 98.

Adner, R., & Kapoor, R. (2010). Value creation in innovation ecosystems: How the structure of technological interdependence affects firm performance in new technology generations. *Strategic Management Journal*, 31 (3), 306-333.

Adner, R. (2012). *The Wide Lens: A New Strategy for Innovation*. London, England: Penguin.

Adner, R. (2017). Ecosystem as structure: An actionable construct for strategy. *Journal of Management*, 43 (1), 39-58.

Clarysse, B., Wright, M., Bruneel, J., & Mahajan, A. (2014). Creating value in ecosystems: Crossing the chasm between knowledge and business ecosystems. *Research Policy*, 43 (7), 1164-1176.

Davis, J. P. (2016). The group dynamics of interorganizational relationships: Collaborating with multiple partners in innovation ecosystems. *Administrative Science Quarterly*, 61 (4), 621-661.

Dubini, P. (1989). The influence of motivations and environment on business start-ups: Some hints for public policies. *Journal of Business Venturing*, 4 (1), 11-26.

Eisenhardt, K. M., & Galunic, D. C. (2000). Coevolving at last, a way to make synergies work. *Harvard Business Review*, 78 (1), 91-91.

Iansiti, M., & Levien, R. (2004). Strategy as ecology. *Harvard Business Review*, 82 (3), 68-78.

Isenberg, D. J. (2010). How to start an entrepreneurial revolution. *Harvard Business Review*, 88 (6), 40-50.

Isenberg, D. J. (2010). The big idea: How to start an entrepreneurial revolution. *Harvard Business Review*, 88, 40-50.

Jackson, D. J. (2011). What is an innovation ecosystem. *National Science Foundation*, 1 (2), 1-13.

Kenney, M., & Patton, D. (2005). Entrepreneurial geographies: Support networks in three high-technology industries. *Economic Geography*, 81 (2), 201-228.

Lindgren, P., & Bandsholm, J. (2016). Business model innovation from an business model ecosystem perspective. *Journal of Multi Business Model Innovation and Technology,* 4 (2), 51-70.

Neck, H. M., Meyer, G. D., Cohen, B., & Corbett, A. C. (2004). An entrepreneurial system view of new venture creation. *Journal of Small Business Management,* 42 (2), 190-208.

Ritala, P., Agouridas, V., Assimakopoulos, D., & Gies, O. (2013). Value creation and capture mechanisms in innovation ecosystems: A comparative case study. *International Journal of Technology Management,* 63 (3-4), 244-267.

Spilling, O. R. (1996). The entrepreneurial system: On entrepreneurship in the context of a mega-event. *Journal of Business Research,* 36 (1), 91-103.

Spigel, B. (2017). The relational organization of entrepreneurial ecosystems. *Entrepreneurship Theory and Practice,* 41 (1), 49-72.

Smorodinskaya, N., Russell, M., Katukov, D., & Still, K. (2017). Innovation ecosystems vs. innovation systems in terms of collaboration and co-creation of value. In *Proceedings of the 50th Hawaii International Conference on System Sciences.*

Walrave, B., Talmar, M., Podoynitsyna, K. S., Romme, A. G. L., & Verbong, G. P. (2018). A multi-level perspective on innovation ecosystems for path-breaking innovation. *Technological Forecasting and Social Change,* 136, 103-113.

Williamson, P. J., & De Meyer, A. (2012). Ecosystem advantage: How to successfully harness the power of partners. *California Management Review,* 55 (1), 24-46.

World Economic Forum. (2013). Entrepreneurial ecosystems around the globe and company growth dynamics. *Report Summary for the Annual Meeting of the New Champions 2013.*

Mihaly Csikszentmihalyi（2019）。《心流：高手都在研究的最優體驗心理學》。張瓊懿譯。台北：行路出版社。

Peter Miler（2010）。《群的智慧：向螞蟻、蜜蜂、飛鳥學習組織運作技巧》。林俊

宏譯。台北：天下遠見。

Ron Adner（2013）。《創新拼圖下一步：把靈感變現的關鍵步驟》。莊安祺譯。台北：時報文化。

【第肆章】

Adner, R. (2017). Ecosystem as structure: An actionable construct for strategy. *Journal of Management,* 43 (1), 39-58.

Battilana, J., Leca, B., & Boxenbaum, E. (2009). How actors change institutions: Towards a theory of institutional entrepreneurship. *Academy of Management Annals,* 3 (1), 65-107.

Bettis, R. A., & Prahalad, C. K. (1995). The dominant logic: Retrospective and extension. *Strategic Management Journal,* 16 (1), 5-14.

Evans, D. S., & Schmalensee, R. (2016). *Matchmakers: The New Economics of Multisided Platforms.* Boston: Harvard Business Review Press.

Garud, R., Jain, S., & Kumaraswamy, A. (2002). Institutional entrepreneurship in the sponsorship of common technological standards: The case of Sun Microsystems and Java. *Academy of Management Journal,* 45 (1), 196-214.

Gobble, M. M. (2014). Charting the innovation ecosystem. *Research-Technology Management,* 57 (4), 55-59.

Maguire, S., Hardy, C., & Lawrence, T. B. (2004). Institutional entrepreneurship in emerging fields: HIV/AIDS treatment advocacy in Canada. *Academy of Management Journal,* 47 (5), 657-679.

Nambisan, S., & Sawhney, M. (2011). Orchestration processes in network-centric innovation: Evidence from the field. *Academy of Management Perspectives,* 25 (3), 40-57.

Prahalad, C. K., & Bettis, R. A. (1986). The dominant logic: A new linkage between diversity and performance. *Strategic Management Journal,* 7 (6), 485-501.

Peltoniemi, M., & Vuori, E. (2004). Business ecosystem as the new approach to complex adaptive business environments. In *Proceedings of eBusiness Research Forum* (Vol. 2, No. 22, pp. 267-281). Tampere, Finland: University of Tampere.

Smorodinskaya, N., Russell, M., Katukov, D., & Still, K. (2017). Innovation ecosystems vs. innovation systems in terms of collaboration and co-creation of value. *Proceedings of the 50th Hawaii International Conference on System Sciences.*

Zilber, T. B. (2002). Institutionalization as an interplay between actions, meanings, and actors: The case of a rape crisis center in Israel. *Academy of Management Journal,* 45 (1), 234-254.

T. Eisenmann, G. G. Parker, & M. W. Van Alstyne（2016）。〈打造雙邊市場策略〉。《哈佛商業評論》，2016年3月號。

G. Parker, M. W. Van Alstyne, & S. P. Choudary（2016）。《平台經濟模式：從啟動、獲利到成長的全方位攻略》。李芳齡譯。台北：天下雜誌。

Richard Koch & Greg Lockwood（2019）。《人脈變現》。張美惠譯。新北：八旗文化。

A. E. Roth（2007）。〈讓失靈市場靈活運轉〉。《哈佛商業評論》，2007年10月號。

M. W. Van Alstyne, G. Parker, & S. P. Choudary（2016）。〈平台經濟新遊戲規則〉。《哈佛商業評論》，2016年4月號。

陳宗文（2019）。〈社會學之眼：在馬內的《鐵路》中重新發現社會學〉。《歐美研究》，2019年3月號，頁75-141。

池田紀行、山崎晴生（2014）。《和顧客共創行銷：超越調查界限，深入了解顧客》。洪正宇譯。台北：中國生產力中心。

吳思華、曹開昱、黃婷筠、鄭惠慈、顏嘉進。〈Etsy——雲端手工藝術市集〉。政大科管智財所未出版個案。

【第伍章】

Battilana, J., Leca, B., & Boxenbaum, E. (2009). How actors change institutions: Towards a theory of institutional entrepreneurship. *Academy of Management Annals,* 3 (1), 65-107.

Downes, L., & Nunes, P. (2013). Big bang disruption. *Harvard Business Review,* 91(3), 44-56.

Eisenhardt, K. M., & Martin, J. A. (2000). Dynamic capabilities: What are they?. *Strategic Management Journal,* 21 (10-11), 1105-1121.

Hargadon, A. B., & Douglas, Y. (2001). When innovations meet institutions: Edison and the design of the electric light. *Administrative Science Quarterly,* 46 (3), 476-501.

Maguire, S., Hardy, C., & Lawrence, T. B. (2004). Institutional entrepreneurship in emerging fields: HIV/AIDS treatment advocacy in Canada. *Academy of Management Journal,* 47 (5), 657-679.

Normann, R., & Ramirez, R. (1993). From value chain to value constellation: Designing interactive strategy. *Harvard Business Review,* 71 (4), 65-77.

Schmitt, B. (1999). Experiential marketing. *Journal of Marketing Management,* 15 (1-3), 53-67.

Vargo, S. L., & Lusch, R. F. (2016). Institutions and axioms: An extension and update of service-dominant logic. *Journal of the Academy of Marketing Science,* 44 (1), 5-23.

Verganti, R. (2008). Design, meanings, and radical innovation: A metamodel and a research agenda. *Journal of Product Innovation Management,* 25 (5), 436-456.

Clifford Geertz（2002）。《地方知識：詮釋人類學論文集》。楊德睿譯。台北：麥田出版。

Darrell K. Rigby, Jeff Sutherland, & Andy Noble（2018）。〈從敏捷小隊到創新企業〉。《哈佛商業評論》，2018年6月號。

Howard Schultz（1998）。《Starbucks咖啡王國傳奇》。韓懷宗譯。台北：聯經出版。

Larry Downes & Paul Nunes（2013）。〈大爆炸式創新〉。《哈佛商業評論》，2013年3月號。

Peter F. Drucker（1995）。《創新與創業精神》。蕭富峰譯。台北：麥田出版。

Richard Normann & Rafael Ramirez（2007）。〈從價值鏈到價值群組，設計互動性策略〉。《哈佛商業評論》，2007年1月號。

Rita Gunther McGrath（2015）。《瞬時競爭策略：快經濟時代的新常態》。洪慧芳譯。台北：天下雜誌。

R. Verganti（2018）。《意義創新：另闢蹊徑，創造爆款產品》。吳振陽譯。北京：人民郵電出版社。

吳思華、曹開昱、黃婷筠、鄭惠慈、顏嘉進。〈Etsy——雲端手工藝術市集〉。政大科管智財所未出版個案。

【第陸章】

Adner, R. (2013). *The Wide Lens: What Successful Innovators See That Others Miss*. London, England: Penguin.

Allen, T. J. (1984). *Managing the Flow of Technology: Technology Transfer and the Dissemination of Technological Information within the R&D Organization*. Cambridge, MA: MIT Press Books.

Toffler, Alvin. (1980). *The Third Wave*. New York: Morrow.

Amabile, T. M. (1983). The social psychology of creativity: A componential conceptualization. *Journal of Personality and Social Psychology,* 45 (2), 357.

Anderson, P., & Tushman, M. L. (1990). Technological discontinuities and dominant designs: A cyclical model of technological change. *Administrative Science Quarterly,* 35 (4), 604-633.

Arthur, W. B. (1989). Competing technologies, increasing returns, and lock-in by historical events. *The Economic Journal,* 99 (394), 116-131.

Arthur, W. B. (1996). Increasing returns and the new world of business. *Harvard Business Review,* 74 (4), 100.

Autio, E., & Thomas, L. (2014). Innovation ecosystems. *The Oxford Handbook of Innovation Management,* Chapter 11, 204-288.

Autio, E., & Thomas, L. D. (2020). Value co-creation in ecosystems: Insights and research promise from three disciplinary perspectives. *Handbook of Digital Innovation,* 107-123. Cheltenham, UK: Edward Elgar.

Baker, T., & Nelson, R. E. (2005). Creating something from nothing: Resource construction through entrepreneurial bricolage. *Administrative Science Quarterly,* 50 (3), 329-366.

Barney, J. (1991). Firm resources and sustained competitive advantage. *Journal of Management,* 17 (1), 99-120.

Beal, B. D., & Astakhova, M. (2017). Management and income inequality: A review and conceptual framework. *Journal of Business Ethics,* 142 (1), 1-23.

Beirão, G., Patrício, L., and Fisk, R. P. (2017), Value cocreation in service ecosystems: Investigating health care at the micro, meso, and macro levels, *Journal of Service Management,* 28 (2), 227-249.

Chesbrough, H. W. (2006). The era of open innovation. *Managing Innovation and Change,* 127 (3), 34-41.

Christensen, C. M. (1997). Marketing strategy: Learning by doing. *Harvard Business Review,* 75 (6), 141-151.

Daft, R. L., & Becker, S. W. (1978). *The Innovative Organization: Innovation Adoption in School Organizations.* New York: Elsevier .

Damanpour, F. (1991). Organizational innovation: A meta-analysis of effects of determinants and moderators. *New York: Academy of Management Journal,* 34 (3), 555-590.

D'aveni, R. A. (2010). *Hypercompetition: Managing the Dynamics of Strategic Maneuvering.* Australia: Simon & Schuster.

Diener, E., Ng, W., Harter, J., & Arora, R. (2010). Wealth and happiness across the world: Material prosperity predicts life evaluation, whereas psychosocial prosperity predicts positive feeling. *Journal of Personality and Social Psychology,* 99 (1), 52.

Downes, L., & Nunes, P. (2013). Big bang disruption. *Harvard Business Review,* March,

2013, pp. 44-56, Available at SSRN: https://ssrn.com/abstract=2709801

Drucker, P. F. (1985). *Innovation and Entrepreneurship: Practice and Principles*. London: Heinemann.

Drucker, P. F. (1999). Beyond the information revolution. *Atlantic Monthly*, October 1999 Issue, 284, 47-57.

Duchesneau, T. D., Cohn, S. F., & Dutton, J. E. (1979). A Study of Innovation in Manufacturing: Determinants. *Processes, and Methodolical Issues,* Orono, ME: The Social Science Research Institute, University of Manine at Orono.

Eisenmann, T., Parker, G., & Van Alstyne, M. W. (2006). Strategies for two-sided markets. *Harvard Business Review,* 84 (10), 92.

Freeman, C. (1982). *The Economics of Industrial Innovation*. Cambridge, Mass.: MIT Press.

Hamel, G., & Prahalad, C. K. (1990). Strategic intent. *Mckinsey Quarterly,* 1990 (1), 36-61.

Handy, C. B. (1995). *The Empty Raincoat: Making Sense of the Future*. South Africa: Penguin Random House.

Iansiti, M., & Levien, R. (2004). Strategy as ecology. *Harvard Business Review,* 82 (3), 68-78.

Jones, T. M., Donaldson, T., Freeman, R. E., Harrison, J. S., Leana, C. R., Mahoney, J. T., & Pearce, J. L. (2016). Management theory and social welfare: Contributions and challenges. *Academy of Management Review,* 41 (2), 216-228.

Kim, W. C., & Mauborgne, R. (2004). Value innovation. *Harvard Business Review*, 82 (7/8), 172-180.

Kopnina, H. (2017). Sustainability: new strategic thinking for business. *Environment, Development and Sustainability,* 19 (1), 27-43.

Lin, C. Y. Y., & Chen, J. (2016). *Impact of Societal and Social Innovation*. Singapore: Springer.

Lindgren, P., & Bandsholm, J. (2016). Business model innovation from an business model ecosystem perspective. *Journal of Multi Business Model Innovation and Technology,* 4 (2), 51-70.

Moore, J. F. (1993). Predators and prey: A new ecology of competition. *Harvard Business Review,* 71 (3), 75-86.

Moore, G. A. (2002). *Crossing the Chasm: Marketing and Selling Disruptive Products to Mainstream Customers* (Rev. Ed.). New York: HarperBusiness Essentials.

Mongelli, L., & Rullani, F. (2017). Inequality and marginalisation: social innovation, social entrepreneurship and business model innovation: The common thread of the DRUID Summer Conference 2015. *Industry and Innovation,* 24 (5), 446-467.

Nayak, P. R., & Ketteringham, J. M. (1994). *Breakthroughs!,* second, expanded edition. San Francisco: Pfeiffer & Company.

Nelson, R. R. (Ed.) (1993). *National Innovation Systems: A Comparative Analysis.* New York: Oxford University Press on Demand.

Nonaka, Ikujirō. (1995). *The Knowledge-Creating Company: How Japanese Companies Create the Dynamics of Innovation.* New York: Oxford University Press.

Parker, G. G., Van Alstyne, M. W., & Choudary, S. P. (2016). *Platform Revolution: How Networked Markets Are Transforming the Economy and How to Make Them Work for You.* New York: WW Norton & Company.

Parker, G., & Van Alstyne, M. (2018). Innovation, openness, and platform control. *Management Science,* 64 (7), 3015-3032.

Penrose, E., & Penrose, E. T. (2009). *The Theory of the Growth of the Firm.* Oxford: Oxford University Press.

Phills, J. A., Deiglmeier, K., & Miller, D. T. (2008). Rediscovering social innovation. *Stanford Social Innovation Review,* 6 (4), 34-43.

Prahalad, C. K., & Fruehauf, H. C. (2005). *The Fortune at the Bottom of the Pyramid.* U.S.: Wharton School Pub.

Prahalad, C. K., & Hamel, G. (2009). The core competence of the corporation. *Knowledge and Strategy*, 41-59. London: Routledge.

Priem, R. L., & Butler, J. E. (2001). Is the resource-based "view" a useful perspective for strategic management research?. *Academy of Management Review, 26* (1), 22-40.

Priem, R. L., & Butler, J. E. (2001). Tautology in the resource-based view and the implications of externally determined resource value: Further comments. *Academy of Management Review, 26* (1), 57-66.

Priem, R. L. (2001). "The" Business-Level RBV: Great Wall or Berlin Wall?. *Academy of Management Review, 26*, 499-501.

Rogers, E. M., & Shoemaker, F. F. (1971). *Communication of Innovations: A Cross-Cultural Approach* (2nd. Ed.). New York, NY: Free Press.

Rumelt, R. P. (1982). Diversification strategy and profitability. *Strategic Management Journal, 3* (4), 359-369.

Schumpeter, J. A. (1942). *Capitalism, Socialism and Democracy*. London: Allen & Unwin.

Schumpeter, J. A. (1983). *The Theory of Economic Development*. New Brunswick, NJ: Transactions Books Reprint.

Solow, R. M. (1957). Technical change and the aggregate production function. *The Review of Economics and Statistics, 39* (3), 312-320.

Sonenshein, S. (2016). Routines and creativity: From dualism to duality. *Organization Science, 27* (3), 739-758.

Stewart, T. (1998). Intellectual capital: The new wealth of organizations: Wiley Online Library. Statista, Accessed 03.10.2022, https://www.statista.com/statistics/193533/growth-of-global-air-traffic-passengerdemand/

Taylor, F. W. (2004). *Scientific Management*. London: Routledge.

Teece, D. J. (1998). Capturing value from knowledge assets: The new economy, markets for know-how, and intangible assets. *California Management Review, 40* (3), 55-79.

Teece, D. J. (2000). *Managing Intellectual Capital: Organizational, Strategic, and Policy Dimensions*. Oxford: Oxford University Press.

Utterback, J. M., & Abernathy, W. J. (1975). A dynamic model of process and product innovation. *Omega,* 3 (6), 639-656.

Verganti, R. (2006). Innovating through design. *Harvard Business Review,* 84 (12), 114.

Verganti, R. (2018). Overcrowded: Designing meaningful products in a world awash with ideas. *Overcrowded: Designing Meaningful Products in a World Awash with Ideas,* 48.

Wernerfelt, B. (1984). A resource based view of the firm. *Strategic Management Journal,* 5 (2), 171-180.

World Bank, Accessed 03.10.2022, https://data.worldbank.org/indicator/SP.DYN.CDRT.IN

Clayton M. Christensen, Efosa Ojomo, Karen Dillon（2020）。《繁榮的悖論：如何從零消費、看似不存在的市場，突破創新界限、找到新商機》。洪慧芳譯。台北：天下雜誌。

Ron Adner（2013）。《創新拼圖下一步：把創意變現的成功心法》。莊安祺譯。台北：時報文化。

【第柒章】

Baum, J. A., & Oliver, C. (1996). Toward an institutional ecology of organizational founding. *Academy of Management Journal,* 39 (5), 1378-1427.

Callon, M. (1984). Some elements of a sociology of translation: Domestication of the scallops and the fishermen of St Brieuc Bay. *The Sociological Review,* 32 (1_suppl), 196-233.

Low, M. B., & Abrahamson, E. (1997). Movements, bandwagons, and clones: Industry evolution and the entrepreneurial process. *Journal of Business Venturing,* 12 (6), 435-457.

Lounsbury, M., & Glynn, M. A. (2001). Cultural entrepreneurship: Stories, legitimacy, and the acquisition of resources. *Strategic Management Journal,* 22 (6-7), 545-564.

Villi, M. (2012). Social curation in audience communities: UDC (user-distributed content) in the networked media ecosystem. *Participations: The International Journal of*

Audience and Reception Studies, 9 (2), 614-632.

佐佐木俊尚（2012）。《CURATION策展的時代：「串聯」的資訊革命已經開始！》。
　　郭菀琪譯。台北：經濟新潮社。

【第捌章】

林靜宜（2008）。《捷安特傳奇——GIANT全球品牌經營學》。台北：天下文化。

陳勁、鄭剛、蘇友珊（2015）。《創新管理：贏得全球競爭優勢》。台北：元照出
　　版。

【跋】

Bornstein, D. (2012). The rise of the social entrepreneur: The Opinion Web Page. The
　　New York Times Opinionator. Accessed 03.10.2022, https://archive.nytimes.com/
　　opinionator.blogs.nytimes.com/2012/11/13/the-rise-of-social-entrepreneur/.

Dees, J. G. (1998). The meaning of social entrepreneurship. *The Fuqua School of Business,*
　　The Center for the Advancement of Social Entrepreneurship (CASE).

Nonaka, I., & Takeuchi, H. (2021). Humanizing strategy. *Long Range Planning,* 54 (4),
　　102070.

Nonaka, I., & Takeuchi, H. (2021). Strategy as a Way of Life. *MIT Sloan Management
　　Review,* 63 (1), 56-63.

國家圖書館出版品預行編目（CIP）資料

尋找創新典範 3.0：人文創新 H-EHA 模式 / 吳思華著.
-- 初版 . -- 臺北市：遠流出版事業股份有限公司，
2022.10
　面；　公分
ISBN 978-957-32-9729-1（平裝）

1. CST: 人文社會學　2. CST: 企業管理
3. CST: 創業　4. CST: 個案研究

494　　　　　　　　　　　　　　111013307

尋找創新典範 3.0
──人文創新 H-EHA 模式

作者：吳思華

主編：曾淑正

美術編輯：陳春惠

封面設計：萬勝安

企劃：葉玫玉

發行人：王榮文

出版發行：遠流出版事業股份有限公司

地址：台北市中山北路一段 11 號 13 樓

劃撥帳號：0189456-1

電話：(02) 25710297　傳真：(02) 25710197

著作權顧問：蕭雄淋律師

2022 年 10 月 1 日 初版一刷

2023 年 12 月 16日 初版三刷

售價：新台幣 480 元
ISBN 978-957-32-9729-1（平裝）

YL 遠流博識網 http://www.ylib.com
E-mail: ylib@ylib.com